解 读 地 球 密 码

丛书主编　孔庆友

金属之王

黄金

Gold
The King of Metal

本书主编　胡智勇　李大鹏

山东科学技术出版社
·济南·

图书在版编目（CIP）数据

金属之王——黄金/胡智勇，李大鹏主编. -- 济南：
山东科学技术出版社，2016.6（2023.4 重印）
（解读地球密码）
ISBN 978-7-5331-8366-0

Ⅰ.①金… Ⅱ.①胡… ②李… Ⅲ.①金－普及
读物 Ⅳ.① O614.123-49

中国版本图书馆 CIP 数据核字（2016）第 141406 号

丛书主编　孔庆友
本书主编　胡智勇　李大鹏

金属之王——黄金
JINSHU ZHI WANG——HUANGJIN

责任编辑：焦　卫　宋丽群
装帧设计：魏　然

主管单位：山东出版传媒股份有限公司
出 版 者：山东科学技术出版社
　　　　　地址：济南市市中区舜耕路 517 号
　　　　　邮编：250003　电话：（0531）82098088
　　　　　网址：www.lkj.com.cn
　　　　　电子邮件：sdkj@sdcbcm.com
发 行 者：山东科学技术出版社
　　　　　地址：济南市市中区舜耕路 517 号
　　　　　邮编：250003　电话：（0531）82098067
印 刷 者：三河市嵩川印刷有限公司
　　　　　地址：三河市杨庄镇肖庄子
　　　　　邮编：065200　电话：（0316）3650395

规格：16 开（185 mm × 240 mm）
印张：7.5　字数：135 千
版次：2016 年 6 月第 1 版　印次：2023 年 4 月第 4 次印刷
定价：35.00 元

审图号：GS（2017）1091 号

普及地质科学知识
提高民族科学素质

李廷栋
2016年元月

传播地学知识，弘扬科学精神，
践行绿色发展观，为建设
美好地球村而努力。

翟裕生
2015年10月

贺　词

　　自然资源、自然环境、自然灾害，这些人类面临的重大课题都与地学密切相关，山东同仁编著的《解读地球密码》科普丛书以地学原理和地质事实科学、真实、通俗地回答了公众关心的问题。相信其出版对于普及地学知识，提高全民科学素质，具有重大意义，并将促进我国地学科普事业的发展。

国土资源部总工程师　（签名）

　　编辑出版《解读地球密码》科普丛书，举行业之力，集众家之言，解地球之理，展齐鲁之貌，结地学之果，蔚为大观，实为壮举，必将广布社会，流传长远。人类只有一个地球，只有认识地球、热爱地球，才能保护地球、珍惜地球，使人地合一、时空长存、宇宙永昌、乾坤安宁。

山东省国土资源厅副厅长　（签名）

编著者寄语

★ 地学是关于地球科学的学问。它是数、理、化、天、地、生、农、工、医九大学科之一，既是一门基础科学，也是一门应用科学。

★ 地球是我们的生存之地、衣食之源。地学与人类的生产生活和经济社会可持续发展紧密相连。

★ 以地学理论说清道理，以地质现象揭秘释惑，以地学领域广采博引，是本丛书最大的特色。

★ 普及地球科学知识，提高全民科学素质，突出科学性、知识性和趣味性，是编著者的应尽责任和共同愿望。

★ 本丛书参考了大量资料和网络信息，得到了诸作者、有关网站和单位的热情帮助和鼎力支持，在此一并表示由衷谢意！

科学指导

李廷栋　中国科学院院士、著名地质学家
翟裕生　中国科学院院士、著名矿床学家

编著委员会

主　　任	刘俭朴	李　琥				
副 主 任	张庆坤	王桂鹏	徐军祥	刘祥元	武旭仁	屈绍东
	刘兴旺	杜长征	侯成桥	臧桂茂	刘圣刚	孟祥军
主　　编	孔庆友					
副 主 编	张天祯	方宝明	于学峰	张鲁府	常允新	刘书才
编　　委	（以姓氏笔画为序）					
	卫　伟	王　经	王世进	王光信	王来明	王怀洪
	王学尧	王德敬	方　明	方庆海	左晓敏	石业迎
	冯克印	邢　锋	邢俊昊	曲延波	吕大炜	吕晓亮
	朱友强	刘小琼	刘凤臣	刘洪亮	刘海泉	刘继太
	刘瑞华	孙　斌	杜圣贤	李　壮	李大鹏	李玉章
	李金镇	李香臣	李勇普	杨丽芝	吴国栋	宋志勇
	宋明春	宋香锁	宋晓媚	张　峰	张　震	张永伟
	张作金	张春池	张增奇	陈　军	陈　诚	陈国栋
	范士彦	郑福华	赵　琳	赵书泉	郝兴中	郝言平
	胡　戈	胡智勇	侯明兰	姜文娟	祝德成	姚春梅
	贺　敬	徐　品	高树学	高善坤	郭加朋	郭宝奎
	梁吉坡	董　强	韩代成	颜景生	潘拥军	戴广凯
编辑统筹	宋晓媚	左晓敏				

目　录
CONTENTS

Part 2 黄金用途领域广

能当财富做储备/12

黄金饥不能食、寒不能衣，千百年来却成为财富的代名词植入人类的基因，原因就在于黄金承担了人类社会劳动交换之一般等价物的功能。

美观高贵有品位/19

自古至今，黄金一直被列为五金之首，号称"金属之王"，享有其他金属无法攀比的盛誉，其显赫的"贵族"地位永恒不衰。

信仰极致唯黄金/21

黄金是权力、欲望、财富、唯美的最高结合体，不分宗教信仰，不分国家地域，人们对黄金顶礼膜拜，尊崇有加。

高新科技不可缺/25

黄金具有良好的物理化学属性，被广泛运用到现代高新技术产业中，如电子、通讯、航空航天、化工、医疗等领域。

Part 3 黄金利用八千载

世界黄金利用史/30

黄金可能是人类最早发现和使用的金属，尼罗河地区是人类最早发现的产金地，科学考察发现，早在8 000多年前古埃及就生产和使用黄金。

Part 4 黄金成矿揭成因

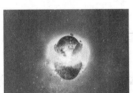

矿石如何变黄金/49

金在矿石中的含量极低，为了提取黄金，需要将矿石破碎和磨细，采用适合的选矿工艺及技术方法，使金从矿石中分离出来。

Part 5 世界黄金哪里有

全球金矿分布广/55

全球范围内，黄金主要分布在南非、澳大利亚、俄罗斯、智利、印度尼西亚、美国和中国等。其中，在世界查明的黄金资源量中南非占50%，居世界第一。

世界十大著名金矿/57

格拉斯堡金铜矿位于印尼巴布亚岛（Papua），由一个储量世界最大的单体金矿和一个储量占世界第19位的铜矿所组成。

世界最大的金矿田/62

世界最大的金矿田是南非兰德金矿田，于1866年发现，至今已有150年的历史，开采出的黄金已达3.5万 t。

世界最深的金矿/64

南非姆波尼格金矿是目前世界上最深的矿井，开采深度达到地下4 350 m，相当于10个帝国大厦的高度。它的各个矿坑和巷道总长达370 km，蜿蜒延伸到约4 000 m深的地下。

Part 6 中国大地黄金多

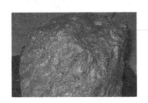

中国金矿类型/67

中国金矿类型繁多，金矿床中富矿少，中等品位多，品位变化大，贫富悬殊。金矿床的工业类型主要有：破碎带蚀变岩型、石英脉型、细脉浸染型、构造蚀变岩型、铁帽型、火山—次火山热液型、微细粒浸染型等矿床。

中国黄金产量/69

中国金矿主要开采岩金和伴生金，2015年中国黄金产量达到450.05 t，连续9年成为全球最大黄金生产国。

中国著名金矿/71

中国金矿分布广泛，据统计，全国有1 000多个县（旗）有金矿资源，保有金资源总量近9 000 t，已探明的金矿储量相对集中于中国的东部和中部地区，其储量约占总储量的75%以上。

Part 7 山东黄金负盛名

山东金矿概况/80

山东金矿由岩金、沙金、铜和硫铁矿等矿产中的伴生金三种类型金矿构成。其中以岩金为主体，占全省各类金矿资源储量的98.75%；沙金占0.38%；伴生金占0.87%。

山东主要金矿类型/82

山东金矿中,最重要的是与中生代岩浆有关的期后热液型金矿,其中,破碎带蚀变岩型(焦家式)金矿床和含金石英脉型(玲珑式)金矿床,是中国重要的金矿类型,主要分布在胶北地区。

山东著名金矿/87

山东省金矿分布广泛,目前共有金矿床200余处,其中中型及以上金矿床100余处。主要分布在胶东的招远、莱州、龙口、蓬莱、栖霞、牟平、乳山、平度等县(市)内,在鲁西的平邑、沂南等县(市)也有少量分布。中国十大金矿中,山东占了一半。

Part 8 狗头金块趣味谈

什么是狗头金/96

狗头金是指天然产出的、颗粒极大、形态不规则的块金。狗头金的质地并不纯净,它通常由自然金、石英和其他矿物集合体组成。

狗头金是怎样形成的/97

有关狗头金的成因,归纳起来主要有三种,即表生化学增生说、生物聚金说及冰冻富集作用说。三种成因尽管在形成机理上有所差异,但均强调狗头金形成于表生环境中。

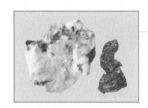

哪里可以捡到狗头金/97

根据统计资料，迄今世界上已发现大于10 kg的狗头金有8 000～10 000块。澳大利亚数量最多，占狗头金总量的80%。世界上最大的一块狗头金就产于澳大利亚。

捡到狗头金应该归谁/99

有观点认为，黄金属于自然矿物。但在法律概念上，需要厘清矿产品和矿产资源的区别，黄金矿产资源应可规模开采。

地学知识窗

金属之王话黄金

黄金（Gold）是化学元素金（化学元素符号Au）的单质形式，是一种金黄色、抗腐蚀的贵金属，是最稀有、最珍贵和最被人看重的金属之一。黄金具有良好的物理属性，较高的熔点与高度的延展性，以及稳定的化学性质等特点。

金（Gold）通常称为黄金，是人类最早发现和使用的贵金属，由于它稀少、特殊和珍贵，自古以来被视为五金之首，有"金属之王"的称号，享有其他金属无法比拟的盛誉。

黄金就像一条金色的血脉，贯穿于整个人类的历史。自从黄金为人类发现和认识以来，就以其绚丽的颜色、耀眼的光泽博得了人们的青睐。在人类历史上，恐怕没有哪一样东西，像黄金这样在漫长的历史社会和经济活动中扮演着如此重要的角色；也没有哪一样东西，在经历了沧海桑田之后，依然和人类有如此深的情缘。在人类的意识当中，没有什么东西比黄金更能体现尊贵与神圣。它曾是王权、神权、族权和富贵的象征（图1-1），因此大量的黄金被用来装饰宫阙殿宇，金顶霞光。无数由黄金包饰的神龛佛像威严而立，在绵绵不绝的香火中接受虔诚信徒的顶礼膜拜！从古埃及的金权杖到中国的三

图1-1　象征皇权的金鼎

星堆金面罩，从皇帝的宝冠到普通人的首饰，黄金用它特有的尊贵传达着人类对财富和权势的至高追求，超越了种族、地域与文化的束缚，甚至成为统治世界的另一种物质。世界上所有的民族，无论是文明的还是蒙昧的，富有的还是贫穷的，对黄金都充满了圣徒般的迷恋与狂热。

当人类进入现代社会后，黄金成了众多普通百姓的钟爱之物，拥有黄金饰品成了爱情永恒、生活幸福的象征。黄金不仅是用于储备和投资的特殊通货，而且是一种同时具有货币和金融功能的特殊商

——地学知识窗——

五　金

传统的五金制品，也称"小五金"，指金、银、铜、铁、锡五种金属，经人工加工可以制成刀、剑等艺术品或金属器件。现代社会的五金更为广泛，例如五金工具、五金零部件、日用五金、建筑五金以及安防用品等。

品。在20世纪70年代前，黄金还是世界货币，目前依然在各国的国际储备中占有重要位置。随着科学技术的发展，黄金的用途日益扩大，需求量日益增多。目前，黄金被广泛应用于电子、通讯、航空航天、化工、医疗等领域。

什么是黄金

中文名：黄金

英文名：Gold

颜　色：金黄色、黄色

密　度：19.32 g/cm³

硬　度：2~4（摩氏硬度）

沸　点：2 808℃

熔　点：1 064℃

金的原子序数：79

黄金（Gold）是化学元素金（化学元素符号Au）的单质形式，是一种金黄色、抗腐蚀的贵金属。Au的名称来自一个罗马神话中的黎明女神奥罗拉（Aurora）的一个故事，意为闪耀的黎明，黄金在阳光照耀下可发出灿烂的黄色光泽。黄金在拉丁文中的意思是"曙光"，在古埃及文字中的意思是"可以触摸的太阳"，是最稀有、最珍贵和最被人看重的金属之一。

黄金在地球中的含量极低，在地壳中含量为$(3.5~4)×10^{-9}$，在地幔中含量

——地学知识窗——

奥罗拉

奥罗拉是一位美丽的女神，每天早晨飞向天空，向大地宣布黎明的来临。不过大多数时间她都还是被称为黎明女神，因为奥罗拉的希腊文就是黑夜转为白天的那第一道光芒。根据奥维德的说法，奥罗拉是帕拉斯，或者珀里翁的女儿。她有一个弟弟（太阳）和一个妹妹（月球）。

为 5×10^{-9}，在地核中含量为 $2\,600\times10^{-9}$。由于几亿年至几十亿年的地壳运动和地质变化使金元素富集成金矿床，一般工业价值的金矿中金的品位在 $(2\sim3)\times10^{-6}$，富矿为 $(5\sim50)\times10^{-6}$，特富矿为 $(50\sim500)\times10^{-6}$，还有块金，单块最小的十几克，最大的几十千克，罕见的大块金几百千克，因有的形似狗头，俗称狗头金（图1-2），印度科学家曾发现过2块近 $2\,500\,kg$ 的狗头金。

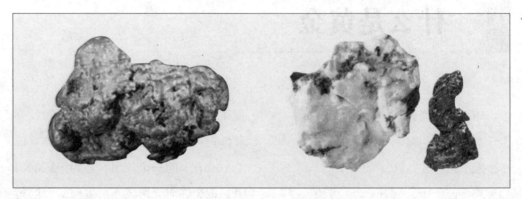

🔺 图1-2 自然金（狗头金）

自然界纯金极少，常含银、铜、铁、钯、铋、铂、镍、碲、硒、锇等伴生元素。黄金具有亲硫性，常与硫化物如黄铁矿、毒砂、方铅矿、辉锑矿等密切共生（图1-3）；易与亲硫的银、铜等元素形成金属互化物。自然金中含银15%以上者称为银金矿、含铜20%以上者称为铜金矿、含钯5%～11%者称为钯金矿、含铋4%以上者称为铋金矿。

🔺 图1-3 硫化物富金矿石

黄金的属性

黄金具有良好的物理属性，硬度低、熔点高、延展性好，还有稳定的化学性质等。

一、黄金的物理性质

1.颜色

黄金的颜色为金黄色，金属光泽。纯金具有艳丽的黄色，但掺入其他金属后颜色变化较大，如金铜合金呈暗红色，含银合金呈浅黄色或灰白色。当金被熔化时发出的蒸汽是绿色的，冶炼过程中它的金粉通常是咖啡色；若将它铸成薄薄的一片，它可以传送绿色的光线。

2.硬度

金的硬度较低，矿物硬度为3.7，24K金首饰硬度仅为2.5。在纯金上用指甲可划出痕迹，这种柔软性使黄金非常易于加工，然而这对装饰品的制造者来说又是不利因素，因为这样很容易使装饰品蹭伤，使其失去光泽以至影响美观。所以在用黄金制作首饰时，一般都要添加铜和银，以提高其硬度。

3.密度

金的密度较大，手感沉甸。纯金在20℃时密度为19.32 g/cm^3，直径仅为46 mm的纯金球，其质量就有1 000 g。这里指的是化学上纯金的密度，在自然界中这样的纯金在某种程度上是不存在的，所以常见的黄金密度在15～19 g/cm^3。

4.熔点

常温常压下，金的熔点为1 063.69～1 069.74℃，沸点为2 530～2 947℃。金在1 000℃高温下不熔化、不氧化、不变质、不损耗。俗话说："真金不怕火炼""烈火见真金"，就是指一般火焰下黄金不容易熔化。

——地学知识窗——

王 水

盐酸与硝酸的混合酸（盐酸与硝酸3∶1的混合剂）。金仅溶于此类酸性液体。

5. 延展性和可锻性

金的柔软性好，具有良好的延展性和可锻性（图1-4）。在现代技术条件下，可以把黄金碾成0.000 01 mm厚的薄膜（即金箔），10万张叠在一起仅1 cm厚；1 g黄金可以拉成3.5 km长、直径为0.004 3 mm的细丝。

此外，金具有极高的传热性和导电

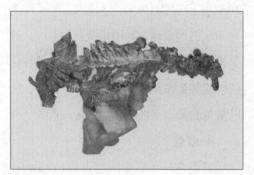

 图1-4　金龙（自然金矿物）

性，纯金的电阻为2.4 Ω；金在红外线区域内具有高反射率、低辐射率的性能；金还具有再结晶温度低的特点。

二、黄金的化学性质

黄金是自然界中化学性质最稳定的贵金属，具有很强的抗腐蚀性，在空气中甚至在高温下都不会与氧气和硫反应，化学性质非常稳定。黄金不溶于单一的盐酸、硝酸、硫酸等强酸中，只溶于王水；在常温下有氧存在时，金可溶于含有氰化钾或氰化钠的溶液；金不与碱溶液反应。

黄金的电离势高，难以失去外层电子成阳离子，也不易接受电子成阴离子，其化学性质稳定，与其他元素的亲和力微弱。因此，在自然界多呈单质即自然金状态存在。

黄金的种类

黄金是在自然界中以游离状态存在而不能人工合成的天然产物，按其来源的不同和提炼后含量的不同分为生金和熟金等。

一、生金

生金亦称天然金、荒金、原金，是从矿山或河底冲积层开采出来，没有经过熔化提炼的黄金，是被提炼为熟金的对象。生金分为岩金（又叫矿金）和沙金两种。

1. 岩金

产于地表或地下的岩石中，一般需

要经过开采、破碎、磨矿和选矿等加工工艺后才能获得。岩金大多与其他金属伴生，如银、铜、铅、锌等其他金属（图1-5）。

▲ 图1-5 岩金型金矿石

2. 沙金

沙金是产于河流底层或低洼地带出露地表的金矿石（图1-6），经过风化、剥蚀、搬运、沉积而形成沙金矿床，与沙石混杂在一起，经过淘洗得来的黄金。沙金的特点是：颗粒大小不一，大的像蚕豆，小的似细沙，形状各异。颜色因成色高低而不同，九成以上为赤黄色，八成为淡黄色，七成为青黄色。

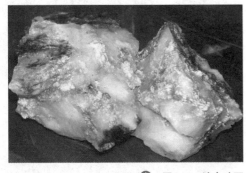

▲ 图1-6 沙金矿石

二、熟金

熟金是经过冶炼、提纯后的黄金，一般纯度较高，可以直接用于货币、金融储备或工业生产。常见的有金条、块、锭和各种不同的饰品、器皿、金币以及工业用的金丝、片、板等。由于用途不同，所需成色不一，或因只熔化未提纯，或提的纯度不够，形成成色高低不一的黄金。人们习惯上根据成色的高低分为纯金、赤金、色金三种。

1. 纯金

经过提纯后达到相当高的纯度的金称为纯金，一般是指达到99.6%以上成色的黄金。

2. 赤金

与纯金的意思接近，但因时间和地区的不同，赤金的标准有所不同，国际市场出售的黄金，成色达99.6%的称为赤金，而国内的赤金成色一般在99.2%～99.6%之间。

3. 色金

也称"次金""潮金"，是指成色较低的金。这些黄金由于其他金属含量不同，成色高的达99%，低的只有30%。按含其他金属的不同划分，又可分为清色金、混色金、K金等。清色金指黄金中只掺有白银成分，不论成色高低统称清色金。清色金较多，常见于金条、金锭（图1-7）、金块及各种器皿和金饰品。混色金是指黄金内除含有白银外，还含有铜、锌、铅、铁等其他金属。根据所含金属种类和数量不同，可分为小混金、大混金、青铜大混金、含铅大混金等。K金是指银、铜按一定的比例，按照足金为24K的公式配制成的黄金。一般来说，K金含银比例越多，色泽越青；含铜比例大，则色泽为紫红。

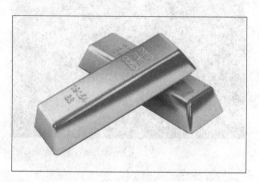

▲ 图1-7　国际标准金锭

黄金的计量

黄金作为实物，是一种价值非常高的商品。国际黄金市场常以盎司计价，零售以克计价，如饰品（图1-8）。

一、黄金的重量计量单位

自古以来，黄金的计量单位是伴随着度量衡制度的变化而变化的。中国历史上曾有过以"爰、镒、斤、铤、两"

▲ 图1-8　黄金饰品

等计量单位为黄金计量的文字记载。中华人民共和国成立初期，仍沿用"两"为计量单位，后来统一以国际单位制为计量单位，质量单位统一用千克（公斤），重量用吨，但多年来在中国的黄金企业中，仍有以小两（1两为31.25克）来计量的习惯（图1-9）。

△ 图1-9　黄金计量器

目前常用的黄金重量的主要计量单位有：

1. 盎司（金衡盎司）

国际上一般通用的黄金计量单位为盎司，我们常看到的世界黄金价格都是以盎司为计价单位。

1盎司 = 31.103 48 g

2. 市制单位

市制单位是中国黄金市场上常用的一种计量单位，主要有斤、两、克。

1市斤 = 500 g = 16小两

1小两 = 31.25 g = 1.004 71盎司

3. 司马两

司马两是香港地区黄金市场上常用的交易计量单位。

1司马两 = 1.203 35盎司 = 37.428 45 g

1司马两 = 0.748 57两（10两制）

4. 日本两

这是日本黄金市场上使用的计量单位。

1日本两 = 0.120 57盎司 = 3.75 g。

5. 托拉

托拉主要用于南亚地区的新德里、卡拉奇、孟买等黄金市场上。

1托拉 = 0.375盎司 = 11.663 8 g。

二、黄金的纯度计量（成色）

黄金可与多种金属形成合金（实际上是固熔体），而这些合金中含金量的多少就是黄金的成分或称成色（纯度计量）。

任何一种金制品，都应铸有表示纯度、炼金厂等信息的标记（图1-10）。

△ 图1-10　纪念版金条

通常的表示方法是以百分比表示金含量。还有把金含量按重量分成10 000份的表示法，如金件上有9 999字样，即表示金件含金量为99.99%，而金件上加586的标记，则表示此金件含金58.6%。

在珠宝首饰、金笔制造等行业中常用"开"（K）表示黄金的成色。国家标准GB11887-89规定，每开（英文carat、德文karat的缩写，常写作"K"）含金量为4.166%，所以，各K金含金量分别为（括号内为国家标准）：

18K=18×4.166%=74.988%（750‰）

20K=20×4.166%=83.320%（833‰）

24K=24×4.166%=99.984%（999‰）

24K金常被认为是纯金，但实际含金量为99.98%，折合为23.988K。根据中国1990年8月实施的金银纯度标准规定，含金量千分数不小于990的称为足金，含金量不小于999的称为千足金。K金纯度中24K999.9一项，注明24K为理论纯度，其含量为百分之百，事实上不存在百分之百的纯金。

——地学知识窗——

图1-11 世界上最大的金条

世界上最大的金条

世界上最大规格的金条是由中国黄金制作的、重12.5 kg的、成色为99.99%的标准金条（图1-11）。

Part 2 黄金用途领域广

在人类社会发展的过程中，黄金最重要的作用是作为货币。黄金千百年来成为财富的代名词，原因就在于它承担了人类社会劳动交换之一般等价物的功能。不分宗教信仰，不分国家地域，人们对黄金顶礼膜拜，尊崇有加。黄金具有良好的物理化学属性，被广泛运用到现代高新技术产业中，如电子、通讯、航空航天、化工、医疗等领域。

能当财富做储备

 金因其美丽的颜色、耀眼的光泽和优良的品质令人喜爱，又因其非常稀有不可再生和无可替代，因此十分珍贵。黄金具有极好的稳定性，便于长期保存，这些特点使得黄金得到了人类社会的格外青睐。黄金易与银、铜、铂族金属形成合金，以极强的韧性和良好的导电、导热性能，在电子工业、化学工业、航空航天工业及超导工业等行业都有广泛的应用。

黄金可永久保存不变色，遇到外界强烈刺激后性质也不会变化，所以黄金不仅成为人类的物质财富，而且成为储存财富的重要手段。正是由于黄金代表着财富，具有货币属性，国家用于储备和个人投资保值的需求以及首饰用金需求的不断增加，而黄金又是稀缺金属，因此决定了黄金的价值大大高于其他商品，而且还在不断上涨中，在国际金融危机中更凸现其特有的价值（图2-1）。

在人类社会发展过程中，黄金最重要的作用是作为货币。黄金就使用价值而言，饥不能食、寒不能衣，千百年来却成为财富的代名词植入人类的基因，原因就在于黄金承担了人类社会劳动交换之一般等价物的功能。马克思说："货币天然是金银。"黄金之所以成为货币，主要由于

图2-1　黄金的价值

它质地均匀、易于分割、体积小而价值大、不易腐蚀、便于携带。因此，黄金被人类赋予了社会属性，也就是流通货币功能，成为人类的物质财富和储藏财富的重要手段。1717年，英国开始用黄金进行结算，19世纪初黄金成为世界公认的国际性货币，开始了金本位时期，即黄金既可作为国内支付的手段，也可作为外贸结算的国际硬通货。黄金作为货币，执行价值尺度、流通手段、贮藏手段、支付手段和世界货币的职能，其中前两种为基本职能。

一、黄金用作货币源远流长

黄金作为货币有着悠久的历史。最早是用于制作仅在一定区域流通使用的金币，出土最早的金币是波斯金币，距今已有2 500多年，古罗马亚历山大金币和中国春秋战国时期的金币都有2 300多年的历史（图2-2）。

▲ 图2-2 古代货币
（郢爰，又名印子金或称金版、龟币）

在中国古代，黄金一直作为货币流通。目前发现最早的金币是战国时代楚国铸造的。这种金币称为"郢爰"，"郢"在战国时曾是楚国的首都，"爰"是楚国的重量单位（1爰即楚制1斤，约250 g），它是已出土的中国最早大批铸造的纯金币。

秦始皇兼并天下，统一六国，建立了统一的中央集权国家，促进了币制的统一。秦代黄金作为"上币"，其形式有金饼（图2-3），用作大数目的支付、储藏（图2-4）。

◀ 图2-3 秦代的金饼

▶ 图2-4 秦代的秦半两
（宫廷赏赐金币）

汉承秦制，仍以黄金、铜钱作为合法货币，西汉黄金单位由"镒"改"斤"，1斤合现今的250 g。黄金货币的形式有马蹄金（图2-5）、麟趾金、饼金及金五铢。

▲ 图2-5 西汉马蹄金（上海博物馆馆藏）

唐朝建立后，货币制度进入了一个新的统一阶段。这一时期，以铜铸币为主要货币，黄金除作储藏外，也作价值尺度和流通手段，逐渐恢复其货币职能，成为国家法定货币，其形式有铤（图2-6）、饼、金质开元通宝（图2-7）等。

进入宋朝后，黄金作为货币用途更加广泛，不仅充当商品交易媒介，还用来赔偿、借债、折款纳税、回收纸币等（图2-8、图2-9、图2-10）。

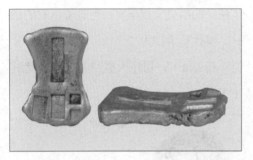

▲ 图2-6　古代黄金货币——金铤

▲ 图2-7　金质开元通宝（陕西历史博物馆馆藏）

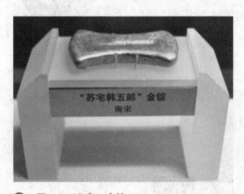

▲ 图2-8　南宋·金锭

▲ 图2-9　南宋·金叶子

▲ 图2-10　宋徽宗宣和通宝（金质）

元代统一和发展了纸币制度，其币制以使用纸币为主，并明令禁止黄金的流通和买卖，黄金的使用范围逐渐缩小。

明初承元制，禁用金银，直到英宗正统元年（1436年）方才松动，但黄金的使用已不如白银广泛了，其衡量制仍以"两"为单位，一两折合现在的31.25 g。

清代币制，"用银为本、用钱为末"，是"银两制"发展的鼎盛时期。黄金在使用、流通中远远不如白银广泛，其形式多为锭，有长方形、长条形、束腰形、马蹄形等不同形制的国库金锭（图2-11、图2-12），其作用多用于贮藏保值、转移财富。1906年（光绪三十二年），铸行了"大清金币"（图2-13）。大清金币最终未能发行流通，究其原因有清政府内部的原因，而最终导致金币无法发行的原因，则是金本位制度。

综上所述，古代黄金作为货币可总结为：先秦时期（夏、商、周）是中国黄金货币的萌芽起源阶段——包金贝，金贝初始利用阶段——楚金版，金饼原始货币阶段；秦、汉时期，黄金经历了被法定为流通货币——盛行——衰落的过程；唐、宋、元、明时期，黄金的使用由盛转衰，并大多用于大宗支付、贮藏财富、赏赐进奉等活动；清代以后，中国黄金货币逐渐退出货币舞台（图2-14）。

▲ 图2-11 清·金锭

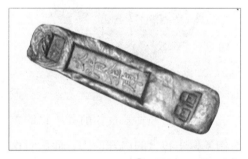

▲ 图2-12 清·金条

▲ 图2-13 清·大清金币（丙午版）

▲ 图2-14 中国古代钱币演化套盒

二、黄金储备

对黄金储备概念的表述主要有如下两种：一种是把黄金储备看作是一种货币性黄金，即一国货币当局作为金融资产所持有的黄金；另一种看法是指各国中央银行及其他官方机构为应付国际收支上的需要所持有的黄金总额。这两种表述方式的共同点在于都把黄金看作一种金融资产，可见非金融用途的黄金不在黄金储备范围之内（图2-15）。

图2-15　龙鼎金

从概念的外延来看，前者所指的黄金储备似乎包含的内容很广，而后者仅是指一国的中央银行及官方所持有的黄金，而且其目的性十分明确，即"为应付国际收支上的需要"所持有的黄金（图2-16）。可是，作为金融资产的黄金并不一定都是黄金储备，因为作为金融资产的黄金，其形式是多种多样的，其用途也是多方面的，如一些国家的银行把黄金作为一种信贷资产来运用；有的则把黄金作为货币形式的投资手段，以商品形式来实现利润的最大化。

图2-16　南非著名的克鲁格金币

黄金储备作为一国的国际储备资产的重要组成部分，其储备量的多寡关系到一国对外经济贸易的资信程度，在稳定国民经济、抑制通货膨胀、提高国际资信等方面有着特殊作用。西方经济学家凯恩斯曾形象地概括了黄金在货币制度中的作用，他说："黄金在我们的制度中所具有的重要作用，它作为最后的卫兵和紧急需要时的储备金，还没有任何其他更好的东西可以替代它"。黄金对一个国家来讲，是具有无限权威性的储备资产（图2-17）。可以说，拥有黄金的国家不必惧怕外国政府作出任何有关变更黄金价值和改变黄金使用条件的决定。

从世界黄金协会提供的国家官方黄金储备资料看，黄金仍是许多国家官方金融战略储备的主体。现在全世界各国公布

▲ 图2-17 英格兰银行黄金储备中心
（价值约1 560亿英镑）

的官方黄金储备总量为32 700 t，约等于目前全世界黄金年产量的13倍。其中官方黄金储备1 000 t以上的国家和组织有：美国、德国、意大利、法国、俄罗斯、中国、瑞士及国际货币基金组织。在这些国家和组织中，美国的黄金储备最多，为8 133.5 t，占世界官方黄金储备总量的24.9%。西方前十国的官方黄金储备占世界各国官方黄金储备总量的75%以上（表2-1）。从这一数据可以看出，政治经济实力强大的国家其黄金储备也多，这说明黄金储备仍是国家综合实力的标志。因此，黄金储备仍为世界各国，尤其是发达国家所重视。

表2-1   截至2015年世界黄金储备百吨以上国家（地区）组织一览表

序号	国家（地区）组织	数量（吨）	黄金占外汇储备（%）	序号	国家（地区）组织	数量（吨）	黄金占外汇储备（%）
1	美国	8 133.5	74.2	12	土耳其	506.5	15.8
2	德国	3 383.4	68.0	13	欧洲央行	504.8	26.5
3	国际货币基金组织	2 714.0		14	中国台湾	423.6	3.9
4	意大利	2 451.8	67.0	15	葡萄牙	382.5	74.3
5	法国	2 435.4	66.2	16	委内瑞拉	361.0	68.3
6	俄罗斯	1 250.9	13.4	17	沙特阿拉伯	322.9	1.8
7	中国	1 054.1	1.1	18	英国	310.3	9.7
8	瑞士	1 040.0	6.6	19	黎巴嫩	286.8	21.1
9	日本	765.2	2.4	20	西班牙	281.6	19.5
10	荷兰	612.5	57.7	21	奥地利	280.0	42.8
11	印度	557.7	6.0	22	比利时	227.4	35.0

（续表）

序号	国家（地区）组织	数量（吨）	黄金占外汇储备（%）	序号	国家（地区）组织	数量（吨）	黄金占外汇储备（%）
23	哈萨克斯坦	203.4	27.1	30	墨西哥	122.3	2.4
24	菲律宾	195.5	9.3	31	利比亚	116.6	5.0
25	阿尔及利亚	173.6	4.0	32	希腊	112.5	74.9
26	泰国	152.4	3.7	33	国际清算银行	108.0	
27	新加坡	127.4	1.9	34	韩国	104.4	1.1
28	瑞典	125.7	8.0	35	罗马尼亚	103.7	10.7
29	南非	125.2	10.3	36	波兰	102.9	4.1

注：据世界黄金协会2015年7月数据。统计的是政府储备，民间黄金储备无法统计，但是印度和中国是众所周知的黄金消费大国，应该是民间储备最多的两个国家。

黄金储备在国家金融战略总储备中的比率也说明黄金现在仍然是国家战略储备的主体。美国的黄金储备在其国家战略总储备中所占的比率高达72.2%，而其他一些发达国家如德国66.3%、意大利64%、法国60.1%，凸显了黄金储备的重要作用。但是，有些国家根据本国实际情况实行藏金于民的政策，比如印度的官方黄金储备虽然只有557.7 t，在国家战略总储备中的比率也不高，只有5.4%。可是，据有关资料显示，印度民间的黄金总储藏量至少有10 000 t。现在，印度仍然是世界上最大的黄金消费市场，其消费量每年达600～800 t。

2015年中国黄金产量达到450.05 t，已连续9年成为全球最大的黄金生产国；全年黄金消费量超过印度，达到985.9 t，成为全球最大的黄金消费国。中国黄金储备占比偏低，在多国央行增持黄金储备的同时，目前尚未有迹象表明中国亦在增持。中国外汇储备虽然冠居全球，但黄金储备只有1 054.1 t，在世界排名第六，仅为美国黄金储备的五分之一。中国曾在2001年和2003年调整过黄金储备，分别从394 t调整到500 t和600 t。但世界黄金理事会的数据显示，截至2015年底，中国黄金储备在整个储备资产中的占比仍不到2%，而发达国家黄金在外汇储备中的占比普遍高达60%～70%。

美观高贵有品位

自人类发现黄金以来，最早就将黄金用于工艺装饰品，世界上有许多国家出土了大量黄金文物。中国最早有商代的珥形金饰（河南郑州）、春秋时期的金带钩、战国时期的金银错铜壶和金兽壶盖（江苏）、镏金铜带钩（山东曲阜）、汉朝的金镂玉衣（河北满城）、唐代的金龙和金凤（陕西）等。这些精美绝伦的黄金工艺品大部分为皇权和贵族所有。现在，用黄金制作的工艺品无论是类型、样式还是工艺水平都远远超过了古代，到工艺品商店就能选择你所喜爱的金工艺品（图2-18）。黄金大量用于首饰和器皿、建筑装饰，尤其以首饰业为耗用黄金大户。据统计，2015年全世界用于黄金首饰的需求量高达2 415 t，占世界黄金需求总量4 212 t的57.34%。

一、首饰

中国唐、宋、元、明、清几个朝代，黄金首饰业发展极为迅速，以"首"为饰，品种最多的是发饰、领饰、面饰和冠饰（图2-19）。其次是手饰（分钏、镯、指环、扳指儿、顶针）和带饰（分带钩、蹀躞带、玉带、铐、驼尾、带扣）及佩饰（分佩玉、容刀、佩鱼、金香囊、日用什器）。在中国历史上有许多著名的

图2-18　黄金对戒

图2-19　黄金冠饰

黄金首饰，如魏晋的金戒，元末的金镯，隋朝的金链，明代的璎珞，明清的耳坠，清代的凤冠等，均巧夺天工，令人叹为观止。在世界其他国家，用黄金制作首饰也源远流长。哥伦比亚的印第安人早在公元前20世纪就开始用黄金制作耳环、鼻环、项链、别针、手镯和脚锣，显示了高超的辗箔、压花、包金和焊镀技术。秘鲁的查温、莫奇卡、奇穆、比库斯等时代，也已经有了金冠、金铠、金甲和其他各种金首饰。

在中国民间的结婚、生子等重大喜庆日子中，黄金也会作为特殊的饰品被广泛使用，以求大吉大利（图2-20）。

二、器皿和建筑装饰

如用黄金制作表带、表壳、皮带

▲ 图2-20　婚庆用黄金饰品

扣、眼镜架、小摆件、祭器（图2-21、图2-22）等。秘鲁还用黄金制作古时的刀、弓、箭、矛和现代的枪、炮、子弹。俄罗斯的克里姆林宫内的勃拉戈维申斯克教堂的圆顶也镀有一层金。中国的西藏布达拉宫中的第一座灵塔殿有殿堂三层，塔高14.85 m，塔身全部用黄金包裹，耗金3 721.312 5 kg，因而显得生辉夺目。

▲ 图2-21　黄金金鼎

▲ 图2-22　黄金器皿和工具

信仰极致唯黄金

信仰在任何时代都起到至关重要的作用，而黄金在任何时代都是信仰的载体之一。随着现代社会的物质、文化生活的日益丰富，自然环境的变化、价值观的冲突、文化的冲突不断增多，人们对信仰的需求会越来越多。虽然书籍、电影等都是信仰的载体，但黄金作为传统的信仰载体之一，具有极大的挖掘潜力。

黄金是权力、欲望、财富、唯美的最高结合体，且古来有之。不分宗教信仰，不分国家地域，人们对珠宝的顶礼膜拜，放之四海皆亦然。尤其在当今社会，一些人已不再把生活消费品当回事儿的时候，他们对黄金的消费动机往往来自于黄金本身的吉祥寓意。

一、长寿金

这是西汉时期神仙方术思想盛行的开始，期望成仙、羽化升天是这个时期上至帝王将相，下至平民百姓极为渴求的事。公元前133年，炼金士李少君对汉武帝说，他能从丹沙中炼出金，而用这样炼成的金子制成杯盘，注以水浆，饮之即可不老不死；又提出使用金银器皿可以延年益寿的理论。从此，黄金与长寿结下了不解之缘。在汉代的金器上，到处都是神仙羽人（图2-23），奇禽异兽，还有直接表达愿望的铭文，如"千秋万岁""寿如金石西王母（俗称王母娘娘，传说中的神

△ 图2-23 黄金佛像

灵）"。这种渴望成仙的思潮一直延续到魏（220～265）、晋（265～420）。唐代盛行服食金丹，这与秦、汉求仙问药一脉相承，到了唐代这一风气更加浓厚，炼丹用的器具，一般炼丹家用陶瓷，帝王贵族则多用奢华的金用具，如西安何安村出土的金器中就发现有金药铛，该物即为炼制丹药的煮暖用具。

二、儒家思想的载体

现在民间还可以看到用最古老原始的方法淘金。所谓沙里淘金，披沙拣金，慢慢就成为一个延续着的固定动作，并上升为一种锲而不舍并延续至今的精神。这种从未断代的精神，成就了中华民族顽强而坚韧的品性。王阳明（1472～1528，著名哲学家）有一段话说明了一个传统的中国人人格的体现。他说：金子有多和少两个数，有一万斤，有一斤；或者一两，一万两，这是从量来看。量之外还有值，也就是成分，是纯金，还是不纯

金。纯与不纯差之毫厘，失之千里。而作为中华民族传统集大成者的儒家，恰恰讲的是纯，而不讲量。正是在这个意义上，西汉"罢黜百家、独尊儒术"的董仲舒（前179～前104，哲学家，今文经学大师）讲"正其谊不谋其利，明其道不计其功"，中心意思是说，一个人虽有很多限制，譬如我的限制使我只能是一分，但我也绝不放弃，就在这一分里面努力，使它变成纯金。这就体现了儒家思想的真正价值。

三、权力的象征体

黄金自古就是权力的象征，古代印章更是权力和等级的象征（图2-24）。秦朝统一六国后，确立了统一的官方用印制度。金印多为公卿一级的人员使用，这一制度一直沿用到隋代之前。"文帝行玺"出自广州象岗山西汉南越王墓，是目前所见最大的西汉金印，印钮呈圆雕盘龙，首尾两足分置四角上（图2-25）。

▲ 图2-24　中国古代象征权力的黄金方印

▲ 图2-25　文帝行玺

春秋战国时代，带钩（古代贵族和文人武士所系腰带的挂钩）就是与礼制连在一起的某种身份，各级贵族均在带钩制作上费尽心机，大量用金，争奇斗艳，互相炫耀。这种新的习俗，为后来用官服带来表示官员等级提供了广泛的社会基础。

四、与宗教的缘分

2001年2月，在成都市区西北金沙村考古工地上出土了两件金面具（图2-26），考古工作者在对周边区域进行考古勘探和发掘时，初步探明遗址的分布面积在5 km²以上，并发现大型宫殿建筑基址、大型祭祀活动场所、居址、墓地等重要遗迹。

▲ 图2-26 金沙遗址发现的金面具

据学者介绍，两件金面具均出土于金沙遗址祭祀区内，这里是古蜀王国商代晚期至春秋早期（约公元前1200年～前650年）一处专用的滨河祭祀场所，面积约1.5万 m²。在这一区域内，目前已发现了60多处与祭祀相关的遗迹，出土了6 000余件制作精巧的金、玉、铜、石器等，以及数以吨计的象牙、数千枚野猪獠牙、鹿角和陶器，这些珍贵的器物都是古蜀先民用来奉献给神灵的神圣祭品。其中，在大金面具出土的小圆坑内还发现了许多红色的泥土。为什么这些泥土会是红色的呢？这是因为土里面掺杂了大量的朱砂。远古时期，人们认为器物和人一样是有生命的，朱砂就是这些器物在奉献给神灵之后所流的血液，这实际上是古代血祭的另一种表现方式。因此，金面具很可能是古蜀国举行神秘宗教祭祀活动时所使用的。此外，面具又被认为是神灵降临时寄居的场所，人们可能将其陈设于宗庙或祭祀场所内，以随时迎接神灵的降临，并接受人们的朝拜。面具在古蜀人的精神世界里，不仅是一种通神的工具，更是一种娱神的法器，以极其珍贵的黄金面具覆盖于青铜人头像上，不仅显示了其崇高的地位，更是为了让神灵欢娱，以此得到神灵的庇护。它们从一个特殊的角度揭示了古蜀社会祭祀活动的昌盛，反映了古蜀先民独特的心理和精神世界。

除祭祀以外，佛教及佛教艺术的传入，对中国金器制作和品种扩展也产生了巨大影响，佛教用品也开始成为金器的一个大类（图2-27），在某种意义上甚至可以说是一个主要大类。唐懿宗陆续下诏由文思院专门打造一批法器，包括银金花十二环锡杖。锡杖为佛教僧人随身携带之物，显宗教派以此叩门化缘和防身，密宗教派则以此为佛的标志。杖首有垂直相交的四股桃形外轮，每轮套三个环，共十二环，四股十二环象征佛教中的四谛十二因缘。

▲ 图2-27　黄金僧人像

五、黄金的辟邪说

对于百姓来说，趋利避害、出生、结婚都是重要的大事，而与之相关的习俗无一不印有黄金的印记。祝福婴儿平安、富贵、长寿的金制长寿锁，古往今来一直系在孩童的项间。

古时，女子插笄，标志着成年。《仪礼》载，女子年满十五，梳髻插笄，表示成年，可以许嫁，并举行仪式。富家

女子的笄多为黄金所制（图2-28），及至婚配，仍要消费大量的黄金首饰。

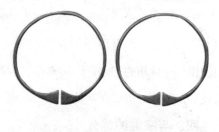

▲ 图2-28　古代女子饰品——金笄

六、黄金与图腾

2001年，"四鸟绕日"金饰（图2-29）在四川成都金沙遗址出土。此金饰在红色衬底上观看，内层图案很像一个旋转的火球或太阳；外层图案中的鸟很容易使人联想到神话传说中与太阳相关的神鸟。据此，有关专家将其定名为"太阳神鸟"金饰。研究人员指出，"太阳神鸟"金饰以简练生动的图像语言，透露了有关古蜀太阳神话传说的信息，记述了商周时期古蜀国极为盛行的太阳崇拜习俗。

▲ 图2-29　2001年出土于成都的"四鸟绕日"金饰

文物部门认为，"太阳神鸟"金饰是21世纪中国考古的一个重大发现。图案构图严谨、线条流畅、极富美感，是古代人民"天人合一"哲学思想丰富的想象力、非凡的艺术创造力和精湛的工艺水平的完美结合。造型精练、简洁，具有较好的徽识特征；表达"追求光明、团结奋进，和谐包容的精神寓意"，体现着中华民族传统文化的强烈凝聚力和向心力，也体现着中国人自强不息、昂扬向上的精神风貌。

——地学知识窗——

"四鸟绕日"金饰

为商周时期的金器，呈圆形，器身极薄。图案采用镂空方式表现，分内外两层。内层为一圆圈，周围等距分布有十二条旋转的齿状光芒；外层图案围绕在内层图案周围，由四只相同的逆时针飞行的鸟儿组成。现藏于成都金沙遗址博物馆。

高新科技不可缺

黄金具有良好的物理化学属性：优良的导电性和导热性，极佳的抗化学腐蚀能力，黄金对红外线的反射能力接近100%；在金的合金中具有各种触媒性质；良好的工艺性，极易加工成超薄金箔、微米金丝和金粉。正因为有这么多有益的性质，黄金被广泛运用到现代高新技术产业中去，如电子、通讯、航空航天、化工、医疗等领域。

一、黄金在仪器仪表制造业的应用

随着科学技术的发展，对各种仪器仪表的要求也越来越高。黄金在各种精密自动化仪器上的应用也越来越占有重要位置。工业用测量及控制设备上广泛使用金制作脉冲变线位移和角位移的绕线，电位计占有重要位置，电位质量是测量控制系统工作精度的决定因素。这类设备往往需要在各种工业环境的不同温度下长期工作，这是采用黄金或其合金作为精密电位计关键材料的原因（图2-30）。

△ 图2-30 电压表

二、黄金在电子工业中的应用

众所周知，现代科学技术的发展离不开电子工业，而且还占有重要地位，如电子信息、航空航天、仪表仪器、计算机、收音机、电视机、集成电路等，都是电子工业飞跃发展的结果，而电子工业与黄金及其他贵金属的应用是密不可分的。电子元件所要求的稳定性、导电性、韧性、延展性等，黄金和它的合金几乎都能达到。黄金在电子工业上的用量占工业用金的90%以上，而且还在逐年增长。

三、黄金在通信技术上的应用

在现代通讯、控制系统及电子计算机系统中，虽然其结构紧凑，器件微型化，但应保证进行必要检查的可能性。在这方面采取个别零件和元件可拆卸结构，在技术上是合理的，对可靠性和使用寿命

提出更高的要求。由于零件布置紧凑和单位体积的能量储备增大，在通信系统中提高系统的有效性，在研制触点材料时必须考虑与周围环境相关的一些因素，如优良的导电性，稳定的电阻以及优良的耐蚀性，可加工性，热稳定性等。由于金及金的合金具有上述优良性质，因此被广泛地应用于电子工业触点的制作（图2-31）。

△ 图2-31 通信技术

四、黄金在航天工业中的应用

黄金在航天工业中的应用也在不断地发展和开拓之中，其速度之快令人惊讶。金以它的抗腐性、抗热性，优良的导热、导电性，独特的化学性质在航天领域占有重要位置。

从航天器、运载工具的制造到航天设备的系统控制等，都离不开信息、测量、遥感、定位、计算机、摄影、仪表等各方面的器材，而其中成千上万的电子元件、仪表，其特殊材料又都离不开

黄金（图2-32）。

🔺 图2-32 航天工业

五、黄金在化学工业上的应用

核化工和化学工业使用金的合金制作特种管、板、线等材料，以达到防腐蚀、防辐射、耐高温等要求。金—铂合金以其高耐蚀性和高强度而用于制作人造纤维的喷丝头；含3%钯的金合金以及含钯20%的金合金用在捕收铂的催化剂的生产上。

六、黄金在光学上的应用

黄金有它独特的光学性能，黄金在光学上的应用也是其他元素无法代替的。黄金有吸收X射线的本领，含有其他元素的金合金能改变与波长有关的光学性质。光亮镀金作为航天器的稳控镀层，对于控制航天器内部仪器、部件的温度起到良好的效果。这主要在于它对宇宙间的红外线具有良好的散射和反射性，保护宇航人员及设备不受宇宙射线的损害。

七、黄金在医药学上的应用

矿物药是中药的重要组成部分，其药源丰富，疗效显著，被历代医药学家所重视。黄金在古典医药学中被称为"黄牙""太真"。其味辛、苦、平，有小毒，入人体心、肝经络，能镇精神、坚骨髓、通利五脏邪气，治疗小儿惊伤五脏、风痫失志，又能治癫痫风热、上气咳嗽、伤寒肺损吐血、骨蒸劳极作渴。国外资料也认为，金制剂对类风湿性关节炎的急性期和亚急性期有良好疗效。但现代生物临床化学对金元素的研究还不深刻，对于金入药治病的机理还未搞清楚，对金在体内的排泄机制也还在继续研究中。认为金元素既不是人体内部的营养元素，也不是人体内部的有害元素，属于痕量元素。此外，现代牙科除使用包金齿套外，主要使用金、钯、银、铜、铟制成合金人造瓷牙。

八、黄金趣用

由于黄金特殊的价值，一直以来受到人们的追捧，用其制造了诸如衣服、汽车等体现身份与特殊价值的生活用品。如古代安葬皇权贵族的"金缕玉衣"（图2-33）、现代人们所制造的"金光大道"（图2-34）、"黄金汽车"（图2-35）、"黄金建筑"，甚至"黄金内衣"（图2-36）等，无不体现了对黄金的特殊青睐。

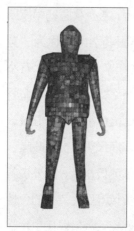

图2-33　金缕玉衣

图2-34　某商场的金光大道

图2-35　黄金汽车

图2-36　黄金内衣

　　另外，在石油化工业中，金的放射性同位素被用来代替铂作为催化剂，它能提高燃料50%的燃烧率；金还用于生产人造纤维的抽丝模（喷头）；在宇宙飞行员的衣服上和救生索上镀上一层不到万分之二毫米厚的黄金，能使宇宙飞行员免受辐射和太阳热；它用于消防人员的面罩上，能防止面部受到灼热高温的烤伤，同时又不妨碍视线。只需带上一点点电流，黄金就可使飞机和火车窗户挡板不沾雪、雨、冰和雾气；黄金还可以用作盛装腐蚀性气体的高压容器的里衬；它能测量最高和最低温度；能润滑机器灵敏的活动部件。建筑业上也需要黄金。黄金用于摩天大楼的窗户上，能使照射进来的阳光不刺眼睛；它既能阻挡室外的热辐射，又能反射室内的暖气，这样就可节约空调和热力的开支；古代的建筑讲究在楼房顶上加盖镀金大圆顶，这是出于使建筑物更加雄伟壮丽的目的，而现代建筑师们用一层金箔贴在大楼外墙的瓷砖上，不但增添了它们的色彩，而且也延长了它们的使用期。

　　黄金在科学技术上的应用正处在不断开发中，预计随着科学的发展和新技术的不断出现，黄金的应用领域将不断扩大。

Part 3 黄金利用八千载

黄金可能是人类最早发现和使用的金属，尼罗河地区是人类最早的产金地，科学考察发现，早在8 000多年前古埃及就生产和使用黄金。中国是世界上发现和利用黄金最早的国家之一，在商代甲骨文中就有关于金的记载。山东黄金开发利用历史悠久，在春秋战国时期就有黄金开采的记载。

世界黄金利用史

黄金可能是人类最早发现和使用的金属，尼罗河地区是人类最早的产金地，科学考察发现，早在8 000多年前古埃及就生产和使用黄金。在公元前3 000多年前，在古埃及、美索不达米亚等地区已开始采集黄金制作饰物。在史前—远古时期，主要有埃及、努比亚、伊比利亚、高卢、巴尔干、印度和中国采冶黄金。古埃及帝国的某些文史中有记载，当时的埃及征服者从叙利亚和努比亚接受过很多金银贡物。反映金矿采冶方面的早期文献出现在古埃及法典、石碑上及法老墓中的象形文字和碑文中。已知最古老的反映公元前约1320年正在开采的金矿的《金矿图册》的残片至今尚保存在意大利都灵博物馆里。而第一次关于公元前10世纪时黄金的文字记述则出现在《旧约全书》和《创世纪》著作中。公元前开采利用黄金的还有俄罗斯和美洲。俄罗斯的金矿采冶可追溯到公元前1500年～前1300年，从那时起尤其在公元前几百年，乌拉尔、阿尔泰及乌兹别克、格鲁吉亚一带的大量黄金，通过撒马尔罕的黄金之路源源不竭地运到境外。美洲的印第安人则在公元前2000年就制作了许多精美的金制耳环、项链、面具、香炉。据报道，史前—远古时期的世界金产量达1 027 t，约占总产量的9.7%，是人类最重要的采金期之一。

公元11世纪后，采金业得到了大规模的发展，除上述那些古老的采金国家外，在西欧、中欧、中亚、东亚、北非、西非的许多国家对黄金寻找和开采掀起了热潮。这一时期的金矿采选工艺有了很大发展，沙金选矿使用"木制溜洗槽"和"淘金摇动槽"；岩金矿的开采使用了提升机和压力泵。晚期中国的火药技术传入欧洲以及排水技术的改进，使许多地下岩金矿得到了开采。

近代时期（16～19世纪）是世界金矿开采稳步发展的时期。1576～1577年，在加拿大这一黄金的富庶之邦首次发现了金矿，1866年在加拿大安大略省发现了脉金矿床，自此加拿大的金矿开采拉开了帷幕。此后，美洲哥伦比亚的卡里布、育空地区的采金热潮日趋高涨。

澳大利亚于1839年首次报道蓝山山脉的脉金，此后的10余年中产金达500多吨，使之由殖民地变成具有雄厚经济实力的强国。大约在17世纪末叶，沙俄加快了在乌拉尔、西伯利亚、阿尔泰等地的金矿开采，在15～19世纪的500年中，产金约12 000 t，成为产金仅次于南非的黄金生产大国。这一时期最重大的金矿发现，一是南非的维特瓦特斯兰德盆地砾岩型金矿床（1866年），储量达5万多吨，约占世界总储量的59.4%，平均品位9.3×10^{-6}，是世界上最大的金矿床；二是美国的霉姆斯塔克金矿床（1886年发现），储量达1 300 t。这些巨型金矿的发现和开发，揭开世界金矿开发史上崭新的一页。尤其是18世纪后叶以后，工业革命使人类对贵金属需求量猛增，大大刺激了黄金产业的发展。随着科学技术的迅速进步，使金的采矿方法和选矿工艺也相应明显改进，蒸汽机应用于排水和其他作业，爆破技术普遍应用于地下开采，使黄金开采和选冶技术进入到一个新的时代。

现代社会时期（20世纪至今）是世界金矿全面蓬勃发展的时期。金矿的勘查技术获得了突破性进展。除地质勘查外，地球化学、地球物理和遥感等多种探测手段综合运用，在寻找和追索隐伏金矿床中

——地学知识窗——

如何淘沙金

▲ 图3-1　早期原始的淘金设备

早期的淘沙金主要是通过人工盘洗（图3-1），对河沙进行简单的淘洗加工，获得粗粒金或其他重金属。随着社会的发展，人类的进步，淘沙金的工艺和设备都有了很大程度的提高，出现了机械化大型化的淘沙金设备。

发挥了重要作用，大大提高了找矿效率。这一时期发现和探明了一大批成矿特点各异的大型、超大型和世界级巨型金矿床，如加拿大安大略省的赫姆洛金矿床（储量600 t）、美国卡林金矿床（储量300 t）、巴西的塞拉佩拉达金矿床（储量500 t）、澳大利亚的奥林匹克坝多金矿床（储量1 200 t）等。这些金矿的发现，促进了世界金矿探明储量的大幅增长，到1995年，世界的金矿探明储量已达到19万 t。这一时期，金矿的开发利用技术也显著地提高。一是金矿的开发深度大为增加，如南非兰德金矿床目前开采深度已超过4 000 m；二是金矿的开采、选冶方面机械化代替了许多手工劳动，如采用采金船进行沙金开采，岩金矿的采掘及碎矿、磨矿都实现了机械化；三是选矿方法和工艺技术不仅多样化，而且更加有效，提高了金的回收率，尤其是低品位和难选冶金矿正逐渐被利用。

进入21世纪的第一个十年，全球黄金产量平均每年在2 500 t左右，是20世纪年均产量的1倍左右，黄金生产力仍保持在一个较高水平，这一水平可望在今后较长的时间得以保持，原因是传统产金国产量的下降正为新兴产金国产量的增长所弥补。21世纪第一个十年发生的最大变化从国家看，2007年中国黄金产量超越百年之冠南非，成为全球新冠军，已保持9年，2015年中国黄金产量达到450.05 t，是当今唯一黄金产量超过400 t的国家。从区域看，2003年亚洲黄金产量超过美洲成为全球最大的产金区域。当今全球五大洲黄金产量排序分别为亚洲、美洲、非洲、大洋洲、欧洲。

中国黄金利用史

中国是世界上发现和利用黄金最早的国家之一。早在商代甲骨文中就有关于金的记载，出土文物证实，在商代中国人民就已掌握了制造金器的技术。从河南郑州商代早期墓葬中出土的珥形金饰，河南辉县琉璃阁殷商墓葬和安阳小屯殷墟中出土的金块、金箔、金叶，以及河北藁城台西村商代中期遗址14号墓中出土的金块、金片等，都证明中国早在3 500年前就已使用黄金。

到西周时期，黄金作为装饰品和工艺品，已被广泛使用于王宫和贵族家庭。河南省信阳和辉县、河北省的满城、山东省曲阜等地出土的战国中晚期文物中，有镏金铜带钩等，这些饰品表明当时加工工艺日渐完善。秦、汉时期的大量鎏金制品发掘于河南、山东、河北、陕西、江苏等地，其中1968年在河北满城出土的西汉中山靖王刘胜夫妇的金镂玉衣制作精美，巧夺天工。唐代鎏金工艺更为精湛，1987年在陕西省扶风县法门寺出土的唐代金碗、金龙、金凤、金锡杖等反映了当时加工工艺的精湛程度。唐六典中记述的日镂金、日镀金等表明中国古代黄金工艺已达到相当水平。

在中国古代，大量黄金还用于宫廷、寺院、佛像（图3-2）的建造。1690年兴建的拉萨布达拉宫中有八座包金灵

图3-2 黄金佛像

——地学知识窗——

中国最早的金矿遗址

上饶包家金矿是迄今所见中国最早的金矿遗址，历经唐、宋、元、明、清五个朝代，持续开采一千一百年以上，历时之久，规模之大，世界罕见。

包家金矿遗址分布范围达25 km^2，初步发现矿洞1 200处以上，各处矿洞又深又大，地下采场纵深达百余米，距地表深达三四十米，采用竖井、平巷、斜井联合开拓，在地下构筑庞大复杂的采场，同时还建立了通风、提升、运输、排水等完备设施，令人惊叹。

塔，仅五世达赖灵塔耗金就达11.9万两。14世纪建成的青海塔尔寺屋顶上装饰有各式铜质镏金宝瓶。北京故宫太和殿内皇帝宝座旁有6根贴金缠龙金柱。

随着中国古代经济文化的发展，黄金的利用日益广泛。除用于大量制作饰品外，还用于铸造金币作为货币。春秋之末，楚国就制造有"郢爰"或"陈爰"印记的金币，秦统一中国后将黄金定为"上币"，汉武帝时铸造了金饼和五铢钱。汉后金币就不在市场上流通，但作为有一定价值的称量货币，成为王公贵族标志财富的储器，或大额支付手段，或为宫廷赏赐、馈赠的礼品。

对黄金的需求刺激了采金业的发展。自汉代以来的各类书、文及地方志中对金的产地、采金盛况以及金矿物、矿床等都有详略不一的记述。自先秦至清代，在中国河北、山西、辽宁、吉林、山东、江苏、安徽、江西、福建等20个省区都有黄金产地（图3-3），表明当时采金业繁盛*。中国古代对脉金的开采大约始于唐宋时期。

中华人民共和国成立以后，中国的黄金业有了长足发展。自20世纪70年代后

图3-3 我国早期的淘金者

期开始，发现了一大批大型、超大型金矿床，新的金矿床类型不断被发现，使中国金矿的资源储量增加了几倍。现在已划分出中国金矿的主要类型、主要金成矿区带和金矿床集中区，建成了胶东、小秦岭、燕辽、吉林东部、黑龙江、川陕甘和黔滇桂三角区等黄金资源基地。在黄金的开发利用方面，开采深度有了很大的增加，开采技术有了相当的提高。金的选冶技术也有明显的改进，多组分金矿石的综合选矿工艺、低品位金矿的堆浸技术和预处理技术都广为应用，难选冶金矿石的处理工艺也有很大进展，金的回收率大大提高。近30年来，中国的黄金产量有大幅度增加（图3-4）。2000年中国黄金产量由1949年的4.07 t增至175 t，占世界产金量的6.08%，位居世界第四。

---

* 《中国古代矿业开发史》（夏湘蓉等，1980）

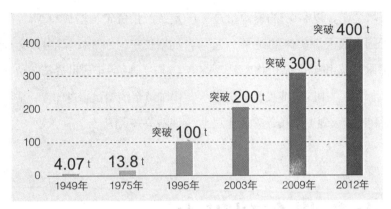

● 图3-4　中华人民共和国成立后黄金产量柱状图

——地学知识窗——

世界上最大的金器博物馆

　　黄金博物馆坐落在哥伦比亚首都波哥大市中心的圣坦德尔公园内，是世界上最大的金器博物馆。1939年设立，1968年迁至现址，现由哥伦比亚国家银行负责管理。该馆收藏了约3万件公元前20世纪至公元16世纪的印第安人制作的精美金制器物，按不同时期和地区分别陈列。

　　2000年以后，党中央、国务院根据中国经济发展和矿产资源形势，采取各种有力措施加强了地质和矿产勘查工作，为经济建设的快速发展提供资源保障。2001～2005年，不仅中央的矿产勘查投入大幅度增加，而且国内企（事）业单位已成为矿产勘查投资的主体，占总投资的比重在90%以上*。2001～2005年矿产勘查取得了重大进展，包括金在内的8种金属矿产及能源矿产、主要非金属矿产资源储量增加，新发现大中型矿产地1 047处，其中金矿144处，位居第一，其中甘肃阳山金矿储量为308 t，之前为中国乃至亚洲最大的金矿床，而2014年年底山东莱州三

---

* 国土资源部《中国矿情通报》（2005）

山岛北部海域金矿，以470 t的资源量进一步刷新了国内最大金矿床的纪录。近年来，在需求旺盛和矿产品价格上涨等多种因素的推动下，中国矿业投资、矿业产值及其利润连续大幅度增长，采选业固定资产投资年均增长29.3%，矿业产值年均增长率为29.3%，其中黄金产量已突破450 t，连续9年居世界第一位。2014年，中国黄金消费量超过印度，成为世界黄金消费第一大国。

山东黄金利用史

山东金矿类型齐全，分布广泛，资源丰富，开采历史悠久。以资源储量集中，矿石易采、易选，生产成本低，外部建设条件好，经济和社会效益好为特点而著称。目前，山东省已成为中国最重要的黄金资源和生产基地之一，在全国经济建设中发挥着重要的作用。

山东黄金资源开发利用历史悠久，是中国发现和开发利用黄金资源最早的省份之一。早在春秋战国时期就有黄金资源开采记载，从曲阜出土的银铜杖首、淄博出土的牺尊和鎏金编钟等稀世珍宝说明，春秋战国时期山东对黄金的加工不论其构思造型还是工艺技术，都达到了较高的水平。隋唐时期，黄金开发已具相当规模。到了宋朝仁宗年间，山东金矿开采达到鼎盛时期，当时黄金产量占全国的89%。抗日战争、解放战争时期，山东黄金资源的生产开采，为赢得战争的胜利，做出了重大的贡献。

中华人民共和国成立以后，山东的黄金生产进入了高速、稳定发展的新时期。国务院制定了有关发展黄金生产的政策，实行"国营和群众采金并举""大中小型并举""土法生产和洋法生产并举"，采取黄金"价外补贴"（即每生产50 g黄金再增加100元作为维简费和扩大再生产的补助资金）"专项贷款""外汇分成""实物奖售"等措施，全省再次掀起了黄金生产建设高潮。焦家、新城大型金矿开始建设，一大批地方中小矿山相继创办，全省形成了以国营金矿为骨干，带动地方群众集体办矿采金的新格局。1975年，全省黄金产量一跃突破5 000 kg大关，创有史以来最好水平，结束了黄金产量长期徘徊不前的局面。

特别是20世纪80年代以来，国家为鼓励黄金生产，调高黄金统购价格，扩大基建投资，实行"探矿奖励""超产补贴"政策，为黄金生产发展创造了更加优越的条件，山东黄金资源的开发以前所未有的速度向前发展。

进入21世纪以后，山东黄金行业为适应中国加入"WTO"和黄金市场的开放，按照建立社会主义市场经济体制的要求，规范现代矿业经营模式，在大力推进黄金矿业体制改革和经济结构调整，强化黄金资源开发合理布局和产业、产品结构调整的力度，努力营造具有较强竞争力的

规模化、集约化程度高的大型企业集团方面，迈出坚实步伐。特别是山东黄金集团有限公司、山东招金集团有限公司等，已成为中国黄金矿业大型生产企业之一，其中山东黄金集团有限公司在全球黄金矿山企业中排名第十二位。山东黄金工业的生产工艺、技术方法、矿山装备水平，采、选、冶及成本费用、利税、劳动生产率等生产技术经济指标等，均处于全国领先水平。其中，三山岛、焦家、新城等大型金矿山的矿山装备水平已达到世界先进水平。到2015年底，全省共有金矿开采企业167个，从业人员4万余人，年采出矿石1 841.63万 t，生产矿产金74.4 t。据不完全统计，截止2015年底，全省已累计生产黄金约1 400 t。山东黄金产量连续38年位居全国第一位。

黄金成矿揭成因

金矿成矿作用主要有岩浆作用、热液作用、变质作用和沉积作用等。金在矿石中的含量极低，为了提取黄金，需要将矿石破碎和磨细，采用适合的选矿工艺技术方法，使金从矿石中分离出来。

黄金有广泛的用途，人类利用黄金的历史已经有8 000多年，那么黄金是怎么形成的？美国研究人员说，地球上所有金子可能都是中子星碰撞爆炸的产物（图4-1）。结合宇宙大爆炸以来可能发生的中子星碰撞爆炸数量以及一次伽马射线暴可能产生的金子数量，研究人员发现，宇宙中的金子可能全部来自这种伽马射线暴。金在地壳中的含量很低，由几亿年至几十亿年的地壳运动和地质变化才能使金元素富集成金矿床，要形成可以开发利用的金矿非常难，因此金矿相对于其他大多数金属矿来说是非常稀少的。

▲ 图4-1　中子星双星系统发生碰撞的模拟图

金矿成矿基本特性

一、金矿床的层控性

一般来讲，世界范围内大多数金矿床的形成往往与各种含金高的岩层有着密切的联系，一些重要的金矿床都受一定的地层控制。

在含金地层中，金矿床的分布总与特定的岩石建造有关。尽管金矿所赋存的岩石类型比较多，对各类岩石无明显的专属性，但是前寒武系的绿岩（前寒武纪变质基性、超基性岩）是最重要的赋金地层。差不多在世界的每个角落，绿岩带中总有金矿床存在。

近年来，对太古代绿岩和其他含金地层中金矿床的成因研究所取得的成果表明，呈残留体保存于地壳局部地段的太古代绿岩和其他地层中金的原始含量（丰度）较高，与金矿化相伴生的其他矿化元素和矿化剂含量也较高，是形成金矿床的

——地学知识窗——

绿岩带

绿岩带是地质用语，指的是蚀变或变质的基性火成岩带。通常是指前寒武纪地盾中呈条带状分布的变质基性岩地区。

矿源层。这些矿源层中的金元素在之后的变质作用、同期构造作用和岩浆活动的影响下，发生重新分配，并在有利部位形成矿体。含金地层与矿体经风化破碎后，又为形成含金砾岩或其他时代的沙金矿提供碎屑物质原料。著名的南非兰德变质砾岩金矿床就是古盆地（兰德盆地）北缘的太古代绿岩提供了成矿的碎屑物质。

这些可以说明，金矿床形成与一定含金地层的特定含金建造关系密切。

二、金矿成矿物质的多源性

通过广大科学家的研究表明，金矿的成矿物质（金和其他伴生有益元素）更多的还是从地壳源汲取的物质，而完全直接从深源提供成矿物质的金矿床很少；大多数金矿床成矿物质来源均不可能是单一的供给源。因此可以认为金矿床的物质来源是多种多样的。地球早期演化阶段金集中于地核和地幔中，上地幔是地壳中金矿床成矿物质的主要来源；地幔演化、伴随地幔分熔的过程中，提供了全球性幔源岩浆伴生金矿床的矿物质成分；由地幔分熔出来的基性或中基性的大量火山物质（绿岩带或类绿岩带）是壳源金矿床金的主要来源和共生体。

三、金矿形成的长期性和继承性

在金矿的矿物质来源和区域成矿作用的研究中发现，金矿化延续时间一般较长且成矿物质具有明显的继承性。从地质发展时期单元来看，前寒武纪、古生代到中新生代所伴随的每一次造山运动都有一定的金矿化，既有原生金矿化也有沙金矿。就一个含金地区（或含金矿化带）而言，金矿化从来都不是随着一个成矿时期的结束而告终。因此，任何一个成矿区，都有一个具体的特定的地质地球化学背景，在这种条件下，随着地球的演化，在不同阶段和不同成矿作用中，在不同的时代形成不同类型的金矿床。这既体现了成矿作用继承性的一面，又表现出矿产不断新生的一面。

黄金矿床如何形成

一、金矿床形成的物质来源（源）

1. 围岩供源

地表中分布的岩石，实际上都可以形成金矿床金的围岩。

研究认为，世界上金总储量的70%集中在前寒武纪地层。世界主要产金地区南部非洲、印度、北美、西澳大利亚等地的大型或特大型金矿床都产于前寒武纪的基性喷发岩的变质岩系中（约占世界金矿的62%），大多数金矿床都明显地表现出对古老地层的依附性（图4-2）。

2. 地幔来源

地球化学证据表明，部分金矿床的成矿物质来源于深部岩浆系统（图4-3）。如Tan等科学家（2012）通过详细的铅同位素地球化学研究认为，胶东金矿的成矿元素可能来源于与辉绿岩脉同源的深部岩浆系统，为受洋壳俯冲作用影响形成的古元古代交代大陆岩石圈地幔。Yang等科学家（2013）通过年代学研究发现，胶东金矿的成矿时代与太平洋板块俯冲时间相一致，认为成矿物质具有多源性，可能来源于前寒武纪变质基底、中生代花岗岩及幔源镁铁质岩浆等。

▲ 图4-2　颗粒状黄金

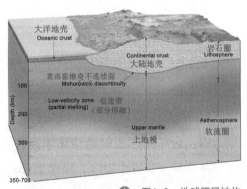

▲ 图4-3　地球圈层结构

41

二、金矿床形成的动力机制（运）

多期的岩浆活动是形成金矿的重要条件。世界金矿床70%以上与酸性岩浆有关，80%以上的浅成矿床分布于火山构造带内。与基性—超基性岩浆活动有关的一些伴生金矿床的存在以及与同熔、交代重熔岩浆有关的热液金矿床的存在等许多事实都说明岩浆活动是形成金矿床不可缺少的条件。岩浆活动为成矿元素富集、运移提供了动力和充足的成矿流体。

三、金矿床形成的成矿机制（储）

多期次的构造活动也是形成金矿的必要条件。首先是剪切性和扭性的区域性深断裂带，而且在很长的地质历史时期多次复活。这样的断层延伸很大，与上地幔连通。它的作用不仅控制岩浆的活动，为各时代的岩体提供侵入充填的空间；而且，由于它们的不断活动而引起一连串的次级断裂破碎，各种性质的断层和裂隙，导致形成有利金矿储存的各类构造形态：岩墙脉壁挤碎带、构造糜棱岩带、压扭性破碎带及断裂片理化带等，它们完成了引导成矿热液长距离迁移，矿液充填沉淀的空间和扩散交代前缘等任务（图4-4）。

四、金矿床形成的地球化学条件

在众多金矿床类型中，除伴生金矿和沙金外，大多数矿床是不同来源和复杂

主构造压剪黄铁绢英岩型金矿　　次构造张剪带石英脉型金矿

钾化硅化蚀变岩型金矿　　岩体边界复合构造带

图4-4　胶东西北部成矿模式

成因的各种热液型金矿床。金矿形成的地球化学矿化剂主要包括水（H_2O）、二氧化碳（CO_2）、卤素（F、Cl）、硫（S）。

1. 水（H_2O）

水分是组成含矿热液的主要组分。按矿物包裹体成分计算，矿液总量的75%～81%为水分。在高温（300℃～600℃）条件下，部分水为气态，形成气液混合流体。在中低温（200℃～300℃）热液矿床中，包裹体中气体比例比较小，只占不足10%的体积。水可作为成矿金属元素的搬运介质和各种方式进行的化学反应的介质。水是弱电解质，可以电离（$H_2O \longrightarrow H^+ + OH^-$），因此在热液中含有部分被电离的$H^+$和$OH^-$。由于水的电离性使其成为一种极为活泼的矿化剂。

2. 二氧化碳（CO_2）

在金矿床中出现大量的碳酸盐类矿物证明，成矿溶液中有二氧化碳（CO_2）

存在；矿物包裹体成分测定表明，成矿溶液中含有较多的二氧化碳（CO_2）。因此，可以利用矿物包裹体中的CO_2与H_2O的比值，作为划分矿床成因类型的补充标志，或作为金矿床的矿化强度标志。

3. 卤族元素

矿化液中的卤族元素主要是F、Cl、Br、I，其中以Cl最为重要。这些元素的地壳克拉克值分别为：F：450×10^{-6}，Cl：280×10^{-6}，Br：4.4×10^{-6}，I：0.6×10^{-6}。卤族元素在矿床中广泛分布，氟以萤石和氟磷灰石（$Ca_5[PO_4]_3F$），氯则以NaCl和其他形式，可分布于很多矿物中。金矿床矿物包裹体中一般以氯为主，氟相对很少。

4. 硫（S）

硫是金矿床中最常见的伴生元素，几乎在所有金矿石中都存在各种硫化物或硫盐，这证明成矿溶液中有大量的硫存在。硫随沉矿介质的氧化-还原条件不同，以不同的价态形式出现，形成黄铁矿、磁黄铁矿、黄铜矿等矿物。

五、金矿床形成的物理化学条件

金矿床形成的物理化学条件通常包括：成矿的温度、压力、氧逸度（fO_2）、硫逸度（fS_2）、二氧化碳逸度（fCO_2）以及氧化还原电位和酸碱度。研究这些条件对于阐明矿床的形成作用、建立成矿模式，以及对矿床的找矿和评价都是十分重要的。但是，由于在目前的条件下尚不能直接测定成矿的物理化学条件，只有借助其他途径间接推断，因此，以下所涉及内容仅作简述。

1. 成矿温度

科学家们的研究表明，大多数金矿的成矿温度一般较低，在中低温（200℃～300℃）的范围内。具体如下：

（1）产于沉积—变质岩（页岩、砂岩、粉砂岩）中的少硫化物的细网脉石英金矿床的成矿温度：120℃～460℃；

（2）金—石英—硫化物矿床的成矿温度：50℃～400℃；

（3）火山构造带中的金矿床成矿温度：100℃～380℃；

（4）产于花岗岩类接触带附近的金矿床成矿温度：100℃～470℃。

2. 压力与深度

科学家们的研究表明，金矿形成的深度主要集中于3个区间，即：中深成矿床，1～4.5 km；中浅成矿床，1～3 km；近地表或浅成矿床，100～1 500 m。

成矿作用有哪些

一、岩浆成矿作用

岩浆岩型金矿床在成因上和空间分布上主要与超基性—基性的岩浆有关，目前研究较多的是含铜—镍硫化物矿床（伴生金矿床）。含矿母岩是由上地幔物质经部分熔融形成的；含金的铜镍硫化物矿体，是由深部熔离的富矿浆形成的（图4-5）。

▲ 图4-5　含金的铜镍硫化物矿化带

——地学知识窗——

岩浆作用

当岩浆产生后，在通过地幔或地壳上升到地表或近地表的途中，发生各种变化的复杂过程称为岩浆作用。主要包括岩浆熔离作用和结晶分离作用。

岩浆熔离作用是指成分均一的岩浆，由于温度、压力等变化，而分为两种不混溶或有限混溶的熔体，又称不混溶作用。

结晶分离作用是指岩浆在冷却过程中不断结晶出矿物和矿物与残余熔体分离的过程，又称分离结晶作用。

对于这类矿床的成矿作用可以描述如下：随着岩浆的熔离演化，富含金属硫化物的熔浆中，有用组分浓度不断增高，在重力影响下向下沉。在高温高压及挥发分的作用下，早期结晶出的镁铁硅酸盐矿物发生重熔，释放出来的铁、镍、金等进入硫化物熔浆。随着硫化物熔浆的大量聚集，在挥发分特别是硫的配合下，岩浆多次发生熔离作用，结果形成富矿浆。在相应构造—岩浆活动中形成了贫富不同的矿体。金矿化主要发生在主金属硫化期，并伴随发生各种热液蚀变现象（图4-6）。

岩浆熔体的熔离作用形成与基—超基性岩有关的铜、镍硫化物矿床，结晶分异作用形成的铬铁矿床，与基性火山岩有关的黄铁矿—多金属硫化物矿床，其中金作为十分重要的伴生组分，具有很大的经济价值。个别富集地段，能达到形成工业矿床的要求。但到目前为止，直接由岩浆分异结晶作用形成的单一金矿床尚属少见。但不少研究者认为，地壳中金矿质可能直接来自幔源的基—超基性岩浆建造，但同一基性—超基性岩中，金的含量可相差5～10倍。

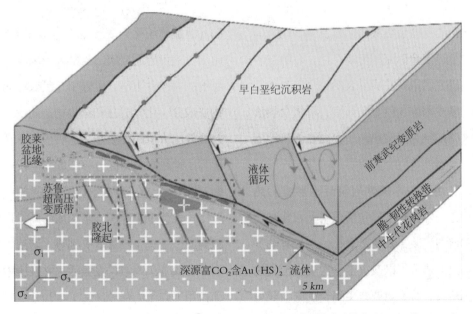

早白垩纪沉积岩

胶莱盆地北缘

苏鲁超高压变质带

胶北隆起

液体循环

前寒武纪变质岩

脆—韧性转换带

中生代花岗岩

深源富CO_2含$Au(HS)_2^-$流体

σ_1
σ_3
σ_2

5 km

▲ 图4-6　胶东全地壳连续成矿模式（杨立强等，2014）

花岗岩（包括交代作用和熔化作用形成的）大多属改造型系列。它们的成分和成矿特征在很大程度上决定于原岩的成分特征。太古代绿岩系改造而成的花岗岩类，更多地具有幔源或拉斑玄武岩的特征，并可形成金、镍、钴、银、铋、铀等矿床。研究表明，在改造成型花岗岩与同熔花岗岩的成矿性后成矿作用受壳源物质和矿源层的影响。

二、热液型成矿作用

热液型金矿在内生金矿床中占有很重要的地位，其数量之多、类型之复杂、矿体形态之多样化，均是其他类型矿床无法比拟的。含金热液的形成及其活动是形成种类热液金矿床的必要条件。对热液矿床的研究已取得的成果表明，含矿热液是多元多成因的。就金矿而言，可将含热液的来源归纳为岩浆热液、变质热液、地下热卤水热液等三个方面。

凡由酸—中酸性岩浆活动形成的热液均称为岩浆热液。包括重熔型岩浆和交代重熔型岩浆（或花岗岩化形成的岩浆）分泌出的热液，以及火山—次火山形成的同源热液。具有重要意义的金矿床主要与中—酸性岩浆岩中的一些深成岩浆热液、重熔型岩浆和交代重熔型岩浆热液作用关系密切。随着岩浆分异演化的发展，在残浆中的挥发分（主要是 H_2O）逐渐增加，当超过其溶解极限后，即呈独立气相从母体中分离出来。到岩浆演化的最后阶段，这种作用更为强烈。如果这种原始岩浆中富含金和其他矿化元素，即可在上述岩浆结晶分异过程中，在水等挥发分的影响下，形成各种各样的可熔性化合物或络合物，呈气相—气液相—液相的形式。如遇有利的构造条件下，即可在适当的空间聚集成矿。

三、变质成矿作用

由区域变质和混合岩化作用而形成的高温流体统称为变质热液。沉积岩、火山岩、火山碎屑岩类，当其处于围压大、温度高的条件下时，可以引起区域性的矿物质成分、化学成分和结构构造的改变，并释放出大量的变质水。这种变质水从深部高压地带向低压区迁移或向变质程度浅的方向移动。在高温流体的运动过程中，散布（或集中）于围岩中的成矿元素可以脱离原位汇集（被汲取）到热水溶液中，形成变质含矿溶液，发生活化并在压力推动作用下向压力释放区域（剪切带、断裂带）迁移，或随变质作用过程的结束，含矿热液就地成矿（图4-7）。

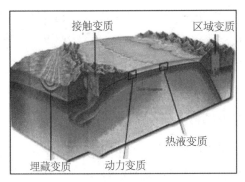

图4-7　变质成矿作用

四、沉积成矿作用

这类矿床主要产于太古代古老地块周围、元古代或古生代沉降带内，或在地台边缘的坳陷区。含金沉积岩经过区域变质作用和以后的改选作用富集成矿，矿体呈层状或似层状产出（图4-8）。根据矿床产出地层的不同时代，这类矿床又有两类主要的典型代表：

1. 古生代穆龙套型金矿床

穆龙套金矿床（图4-9）位于乌兹别克斯坦克孜尔库姆沙漠中部，发现于1958年，目前是世界上黄金生产能力最大的金矿山之一，年产黄金70～80 t。矿床位于南天山海西地槽带内，产于早古生代薄层

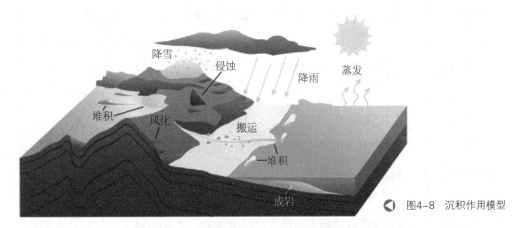

图4-8　沉积作用模型

图4-9　古生代穆龙套型金矿床

粉砂岩、砂岩和千枚状片岩互层的复理石状岩系中，含金最高的部分是由一系列彼此平行呈雁行状排列的石英脉、石英细脉、石英—硫化物细脉、石英—电气石细脉、碳酸盐细脉带组成。这些成分不同的细脉合在一起形成厚度很大的矿带，自然金呈浸染状的形式赋存于中—粗粒石英—硫化物脉和细脉中。这种金矿床实际上是一种产于古生代沉积岩系地层中的含金石英—硫化物脉型金矿。

这种类型的金矿在加拿大戈登维尔、澳大利亚巴拉特和本迪果等地均有发现。

2. 元古代含铁硅质岩建造中的金矿（霍姆斯塔克型）

金矿床产于元古代镁铁闪石片岩或镁菱铁矿片岩中的高度绿泥石化部分，矿体呈层状，含有大量石英脉、石英块及少量磁黄铁矿、黄铁矿和毒砂，金呈浸染状，与毒砂伴生。这种金矿床实际上是产于元古代铁硅质岩中的含金石英脉型金矿床。

这类金矿以美国南达科地州霍姆斯塔克金矿（图4-10）为代表。该矿目前是北美最大的金矿山，也是美国最大的产金区。该矿山已生产了110年，共产金1 000 t以上，平均品位9×10^{-6}，目前年产量占美国总产量的30 %以上，采深2 700多米，尚有保有储量200 t。

五、地震成矿论

与传统观点不同，据澳大利亚广播公司（ABC）报道，澳大利亚研究人员表示，在地震过程中，黄金几乎能够立即在地壳中沉淀形成。他们在研究中发现，黄金能够在地震中导致充满液体的岩石裂缝变宽和压力下降时形成，压力下降导致溶于液体中的黄金快速滤出（图4-11）。

在刊登于《Nature Geoscience》的研究论文中，他们解释了黄金如何从溶解态

图4-10 霍姆斯塔克金矿露天采场

图4-11 岩石缝隙中的黄金

变成浓度增加1 000倍的浓缩沉积物。他们在论文中指出："地球上有多达80%的黄金可能由这一过程形成。"地球上的大部分黄金是在石英脉中发现的，而石英脉多为在30亿年前的造山运动中在地震活动区深裂缝中形成的。

石英脉在地震过程中的压力不断变化中形成，直到现在，这种压力的变化幅度以及如何影响黄金形成仍是一个未知数。昆士兰州大学的迪恩·维瑟里博士和澳大利亚国立大学的理查德·亨利教授创建了一个数学模型，了解地震强度如何影响充满液体的岩石裂缝。根据他们的研究发现，压力的突然下降会导致裂缝中的液体膨胀和蒸发，这一过程被称为"急骤蒸发"。维瑟里表示："裂缝的空间变化导致液体压力变化。液体在低压情况下过度饱和，所溶解的不同矿物质将迅速沉淀。"

不同矿物质在特定压力下在液体中沉淀。维瑟里和亨利认为，即使在发生小地震的时候，水中的矿物质从水中滤出的能力也会快速提高。在发生二级地震时，岩石裂缝中的空间增加130倍，六级地震时会增加1.3万倍。此前，科学家并未意识到这一过程是矿化作用的一个主要驱动力。研究发现，这一过程导致硅以及其他各种微量元素沉积，最终形成富含黄金的石英脉。

矿石如何变黄金

金在矿石中的含量极低，为了提取黄金，需要将矿石破碎和磨细并采用选矿方法预先富集或从矿石中使金分离出来。黄金选矿中使用较多的是重选和浮选，重选法在沙金生产中占有十分重要的地位；浮选法是岩金矿山广为运用的选矿方法，目前中国80%左右的岩金矿山采用浮选法选金，选矿技术和装备水平有了较大的提高（图4-12）。

一、破碎与磨矿

据调查，中国选金厂多采用颚式破碎机进行粗碎，采用标准型圆锥碎矿机中碎，而细碎则采用短头型圆锥碎矿机以及对辊碎矿机。中、小型选金厂大多采用两

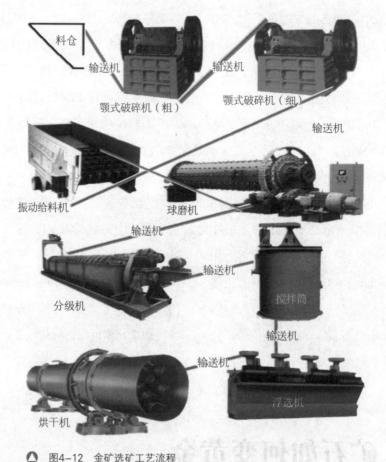

料仓

输送机

输送机

颚式破碎机（粗）

颚式破碎机（细）

输送机

振动给料机

球磨机

输送机

分级机

输送机

搅拌筒

输送机

输送机

烘干机

浮选机

△ 图4-12 金矿选矿工艺流程

段一闭路碎矿，大型选金厂采用三段一闭路碎矿流程。为了提高选矿生产能力、挖掘设备潜力，对碎矿流程进行改造，使磨矿机的利用系数提高，采取的主要措施是实行多碎少磨，降低入磨矿石粒度（图4-13）。

二、重选

重选（图4-14）在岩金矿山应用比较广泛，多作为辅助工艺，在磨矿回路

中回收粗粒金，为浮选和氰化工艺创造有利条件，改善选矿指标，提高金的总回收率，对增加产量和降低成本发挥了积极的作用。山东省有10多个选金厂采用了重选这一工艺，平均总回收率可提高2%～3%，企业经济效益好，河南、湖南、内蒙古等省（区）亦取得了较好的效果。

三、浮选

据调查，中国80%左右的岩金矿山采

◀ 图4-13　大型球磨机

◀ 图4-14　金矿石重选设备

用浮选法选金，产出的精矿多送往有色冶炼厂处理，通常有优先浮选和混合浮选两种工艺。近年来在工艺流程改造和药剂添加制度方面有新的进展，浮选回收率也明显提高。如湘西金矿采用重—浮联合流程，进行阶段磨矿、阶段选别，获得较好指标，回收率提高6%以上；焦家金矿、五龙金矿、文峪金矿、东闯金矿等也取得了一定的效果。又如新城金矿，原流程为原矿直接浮选，由于含泥较高使选矿指标连续下降。经考察试验，采用了泥沙分选工

艺流程，回收率由93.05%提高到95.01%，精矿品位由135 g/t提高到140 g/t，稳定了生产。金厂峪金矿由于原矿品位逐年下降，因此使浮选指标降低，经与东北大学黄金学院等单位合作试验研究采用分支浮选工艺，提高了浮选指标和精矿品位。当然，浮选法和其他方法一样不是万能的，不可能对所有含金矿石都有效，主要还要考虑矿石性质，在选择工艺流程时，需进行多方面的论证和试验（图4-15）。

图4-15　金矿浮选设备

四、化选

1. 混汞法提金

混汞法提金工艺是一种古老的提金工艺，既简便，又经济，适于粗粒单体金的回收。中国不少黄金矿山还沿用这一方法。随着黄金生产的发展和科学技术的进步，混汞法提金工艺也不断得到了改进和完善。由于环境保护要求日益严格，有的矿山取消了混汞作业，被重选、浮选和氰化法提金工艺所取代。

2. 氰化法提金

氰化法提金工艺是现代从矿石或精矿中提取金的主要方法。氰化法提金工艺包括：氰化浸出、浸出矿浆的洗涤过滤、氰化液或氰化矿浆中金的提取和成品的冶炼等几个基本工序。

进入20世纪60年代后，为了适应国民经济的发展，大力发展矿产金的生产，我国在一些矿山先后采用间歇机械搅拌氰化法提金工艺和连续搅拌氰化法提金工艺。1967年，首先在山东招远金矿灵山和玲珑选金厂实现了连续机械搅拌氰化工艺生产黄金，氰化法提金由70%提高到93.23%，从此连续机械搅拌氰化法提金工艺在全国各大金矿迅速获得推广。黄金生产的不断发展和金矿资源的迅速开发，使中国黄金生产技术水平有较大提高。如河北金厂峪金矿研究采用锌粉代替锌丝置换金泥成功，使置换率达到99.89%，金泥含金品位明显提高，锌耗量由原锌丝置换的2.2 kg/t降到0.6 kg/t，生产成本大幅度降低。继而在招远、焦家、新城、五龙等矿山推广应用也取得明显效果。

Part 5 世界黄金哪里有

　　全球范围内，黄金主要分布在南非、澳大利亚、俄罗斯、智利、印度尼西亚、美国和中国等。其中，在世界查明的黄金资源量中南非占50%，中国黄金资源量约占全球总资源量的11%，居世界第二。

Gold output in 2005 shown as a percentage of the top producer (South Africa - 294 tonnes)

自古至今人类所开发的黄金都在地球的地壳，即地球的最外圈层（图5-1）。据大量分析统计，地壳每吨岩石中平均含金仅0.0035 g，按地壳质量计算，地壳中蕴藏有840亿 t的黄金。地壳中的金主要包含在岩石里，这是岩金；其次是因岩石风化后自然金等含金矿物被分离出来，后被流水带到河流中并沉积下来，隐藏在沙和卵石中，这是沙金。但目前我们一般所能开发利用的仅是品位大于1×10⁻⁶的岩金矿和品位高于0.1×10⁻⁶的沙金矿，因此，数量巨大的含金岩石中的金都没有价值，只有经过复杂的地质作用使岩石中的金富集1 000倍以上我们才能开采并将其中的金提取出来。有科学家推测，除地壳外，地球内部的地幔和地核中有总量约5×10⁶亿 t的黄金，占地球上黄金的99%，但人类在未来相当长的时期里是无法得到这些黄金的。

目前人类探测和开采黄金的深度一

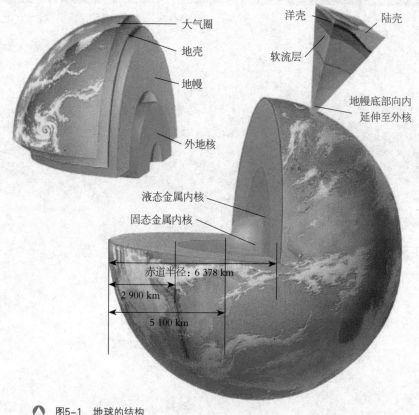

大气圈
地壳
地幔
外地核

洋壳
陆壳
软流层
地幔底部向内
延伸至外核

液态金属内核
固态金属内核

赤道半径：6 378 km
2 900 km
5 100 km

图5-1 地球的结构

般都在1 000 m以内，少数国家能达4 000多米，而地幔的深度平均是33～35 km以下。海洋中也有黄金，人类最早是在1872年发现海水中含有黄金，这曾激起人们从海水中提取黄金的热情。第一次世界大战后，战败的德国要向各战胜国支付巨额的战争赔款，于是，德国一些有责任的科学家就尝试从海水中提取黄金，以此促进德国的经济快速振兴。但他们一次又一次的试验都失败了，因海水中金的含量太低，从海水中提金成本太高，非但无利可赚，而且亏损巨大。

根据从太空降落到地球上的陨石中含有黄金分析，宇宙中有许多星体也蕴藏着丰富的黄金。据推算，自地球诞生至今，已接纳了天外飞来的黄金达1亿 t左右。此外，科学家还推测太阳的黄金总量有1万万亿 t，1986DA小行星上有黄金1万 t左右。当然，太空星体上的这些黄金，我们人类现在更不可能得到。

全球金矿分布广

全球范围内，黄金主要分布在澳大利亚、南非、俄罗斯、智利、印度尼西亚和美国等，其中，南非占世界查明黄金资源量的50%，美国占世界查明黄金资源量的12%。除南非和美国外，主要的黄金资源国是俄罗斯、乌兹别克斯坦、澳大利亚、加拿大、巴西、中国等。在世界80多个黄金生产国中，美洲的产量占世界的33%（其中拉美12%，加拿大7%，美国14%）；非洲占28%（其中南非22%）；亚太地区29%（其中澳大利亚占13%）。年产100 t以上的国家，除前面提到的几个外，还有印度尼西亚和俄罗斯。年产50～100 t的国家有秘鲁、乌兹别克斯坦、加纳、巴西和巴布亚新几内亚。此外，墨西哥、菲律宾、津巴布韦、马里、吉尔吉斯斯坦、韩国、阿根廷、玻利维亚、圭亚那、几内亚、哈萨克斯坦也是重要的金生产国。

目前，世界查明的黄金资源量为8.9万 t，可采储量仅4.8万 t，而新发现的金矿为数不多。2014年全球生产黄金3 109.0 t，主要产金国前10名总计产金2 026.4 t，为全球总产量的65.18%。其中，中国黄金产量达到465.7 t，占世界总产量的14.17%（表5-1）。

据中国黄金协会最新统计，2016年一季度全国黄金产量达到111.56 t，同比增长0.78%，其中矿产金87.93 t，有色副产金23.63 t；全国黄金消费量达到318.28 t，同比下降3.91%；其中首饰用金193.57 t，金条及金币用金98.95 t，工业及其他用金25.76 t。

表5-1　　　　　　　　2014年世界前十产金国产量排序

序号	国家或地区	产量（t）	序号	国家或地区	产量（t）
1	中国	465.7	6	南非	164.5
2	俄罗斯	272.0	7	加拿大	153.1
3	澳大利亚	269.7	8	墨西哥	115.7
4	美国	200.4	9	印度尼西亚	109.9
5	秘鲁	169.3	10	加纳	106.1

数据来源：汤森路透GFMS、中国黄金协会。

——地学知识窗——

保有储量、基础储量与资源量

保有储量：可开发的工业品位的总量；基础储量：可开发的工业品位和一级边界品位；资源量：包括矿区外围附近的边界品位。通俗地说：基础储量表示地质勘探程度较高，可供企业近期或中期开采的资源量；保有储量是基础储量中可以立即经济开采利用的；而资源量则是地质工作程度较低，主要是预测和推断的资源量。资源总量=资源量+基础储量。

世界十大著名金矿

一、格拉斯堡（Grasberg）金铜矿

格拉斯堡金铜矿（图5-2）位于印尼巴布亚岛（Papua），由一个储量世界最大的单体金矿和一个储量占世界第19位的铜矿所组成。格拉斯堡矿床发现于1988年，1990年1月建成投产。

由于该矿铜金共生，产量巨大，因此是目前世界上生产成本最低的铜—金矿山企业。2004年产铜92.3万 t，产金64.54 t，分别占当年世界矿山总产量的6.2%和3.5%。矿山除了采矿设备设施外，还建有一个机场、一个港口、一条110 km长的道路、一条空中缆车线路、一座医院和相关医疗设备、两个住宅区、学校和一座具有其他设施的城镇，能够充分满足17 000人的需求。截至2003年12月31日，格拉斯堡矿区估算的储量/资源量为：概略的（Probable）矿石储量269.6亿 t；推测的（Inferred）矿石资源量186.1亿 t。

二、穆龙套（Muruntau）金矿

穆龙套金矿（图5-3）位于乌兹别克斯坦齐尔库姆沙漠腹地，产于志留纪（或前寒武纪）的浅变质岩系中，地层分上、下两部，下部为碳酸盐—陆源—火山沉积岩系，上部为陆源的复理石建造。矿区的边缘出露浅色成分的岩脉带，两个花岗闪长岩岩株分布在矿区的东南部，受褶皱错动、断裂以及密集的裂隙系统和破碎带所控制。矿床由大量网状脉构成，矿脉宽15～20 km，为含金黄铁矿—毒砂—石英脉，其中硫化物的含量平均0.5%～1.5%，金的成色为890～910，混有银、铜、铋、铅、砷和铁。矿床的形成具有明显的多期多阶段性；金具有多次析出和再分布的特征。含金品位平均为$2×10^{-6}$，银平均品位为$(100～300)×10^{-6}$。穆龙套金矿年产黄金约50 t，目前为乌兹别克斯坦国有纳沃伊（Navoi）矿冶公司所拥有。

图5-2　格拉斯堡金铜矿

图5-3　穆龙套金矿选场

三、卡林—内华达康牌金矿（Carlin-Nevada Complex）

内华达康牌金矿（图5-4）位于美国内华达州，年产黄金约40 t，为新山（Newmont）矿业公司所有。

四、亚纳科查（Yanacocha）金矿山

亚纳科查金矿（图5-5）山位于秘鲁北部，系拉丁美洲最大的金矿山。该矿年产黄金约40.8 t，由新山（Newmont）矿业公司经营，为新山矿业公司和秘鲁布埃纳文图拉（Buenaventurda）公司所拥有。

▲ 图5-4　内华达康牌金矿区

▲ 图5-5　亚纳科查金矿区

五、斯特赖克（Betze – Post）金矿

斯特赖克金矿（图5-6）位于美国内华达州的埃尔克（Elko）西北部，年产黄金约34 t，为巴利克（Barrick）黄金公司所拥有。

六、科特斯（Cortez）金矿

科特斯金矿（图5-7）位于美国内华达州埃尔克（Elko）西南部，年产黄金约30 t，为巴利克（Barrick）黄金公司所拥有。

图5-6　斯特赖克金矿区

图5-7　科特斯金矿选矿车间

七、费拉德洛（Veladero）金矿

费拉德洛金矿（图5-8）位于阿根廷，年产黄金约31 t，为巴利克（Barrick）黄金公司所拥有。

八、北拉古纳（Lagunas Norte）金矿

北拉古纳金矿（图5-9）位于秘鲁中—北部，年产黄金约22 t，为巴利克（Barrick）黄金公司所拥有。

▲ 图5-8　费拉德洛金矿区

▲ 图5-9　北拉古纳金矿区

九、利希尔（Lihir）金矿

利希尔金矿（图5-10）位于巴布亚新几内亚，年产黄金约21 t，为澳大利亚最大黄金生产商纽克雷斯特（Newcrest）矿业公司所拥有。

十、卡尔古利（Kalgoorlie）金矿

卡尔古利金矿位于澳大利亚西澳州，年产黄金约22 t，由巴利克（Barrick）黄金公司和新山（Newmont）矿业公司对半拥有。

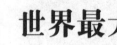 图5-10 利希尔金矿区

世界最大的金矿田

世界最大的金矿田是南非的兰德金矿田（图5-11），储量和产量均居世界第一位，是名副其实的世界最大金矿田。兰德金矿田于1866年发现，至今已有150年，开采出黄金达3.5万 t，现在尚有储量1.8万 t。1970年黄金产量达

▲ 图5-11 南非兰德金矿现代化的井下巷道

到1 000 t，为历史最高年产量，以后一直保持年产650～700 t。含金品位之高也是世界罕见的，开采至今仍保持7～20 g/t，平均品位10×10⁻⁶ g/t。

兰德金矿田在大地构造上处于南非地盾南部与地盾边缘的长条状凹陷带内，地盾由太古界的绿岩、片岩、花岗岩及火山岩组成。盆地南北长400 km，含金砾岩层分布于盆地周边地区，金矿带总长480 km，含矿面积2.07×10⁴ km²，最大的一条主矿带长190 km。含矿层厚达100多米，主矿层10层，厚0.15～1.14 m。目前开采深度已达3 600 m。由于采掘深度加大，设备老化，品位也有降低，因而成本增加，每千克成本达12 000～14 000美元。先后建有130多座矿山，现保持生产的仍有38个，其中有9个年产矿石300万 t，有21个年产矿石100万～300万 t之间，其他矿山规模小些，年平均生产黄金20～30 t。

世界最深的金矿

南非姆波尼格金矿，是目前世界上最深的矿井，开采深度达到地下4 350 m，相当于10个帝国大厦的高度。它的各个矿坑和巷道总长达370 km，蜿蜒延伸到约4 000 m深的地下（图5-12）。

在姆波尼格金矿，矿工们从地面抵达采掘面需要90分钟时间。每天早上4点钟左右，南非姆波尼格金矿的矿工们就在升降机前排起了长队。所有矿工都全副武装，戴着头盔、头灯、护目镜和耳塞。三层楼高的升降机每次能运送150名矿工，里面拥挤得就像沙丁鱼罐头一样，所有人都紧贴着挤在一起，就连楼梯上都站满了人。除了身上的装备之外，每名矿工还随身携带一个银色的小箱子，里面装着一套呼吸设备。一旦矿工在8小时的工作过程中遇到有毒气体，这套设备能提供30分钟可供呼吸的氧气。升降机颤动着下降，将这些矿工送入深深的地下——只有非常非常少的人曾经抵达过这样的深度。

在抵达平台后，矿工们会从升降机里面走出来，用几分钟时间走到另一个巷道内的下一部升降机，这部升降机负责将矿工们送到最深的操作地点。在3 420 m的深处，另一名电梯操作员打开电梯的大门，所有矿工鱼贯进入一个有灯光照明的巨大巷道。各种粗大的管道被固定在巷道的墙壁上，将水、新鲜空气和电线送到地下。人员、装备和矿石通过有轨电车在巷道中进行运输（图5-13）。在采掘面上，隧道到了尽头，矿体出现了。大约30亿年前，由山上的溪流冲刷沉积而成的矿层厚度从几厘米到几米不等。暴露的矿层外表光滑，外面包裹着石英石，还掺杂着黄铁矿的斑点。真正的黄金藏在那些颜色更黑的石头中，这些矿石会被爆破成乒乓球大小的石块，运送到地面，然后粉碎、精炼。

▲ 图5-12　现代化的井下巷道

◀ 图5-13　南非姆波尼格金
矿运送矿石的主井

Part 6 中国大地黄金多

中国金矿类型繁多，金矿床中富矿少，中等品位多，品位变化大，贫富悬殊。中国

金矿分布广泛，据统计，全国有1 000多个县（旗）有金矿资源，已探明的金矿储量相

对集中于中国的东部和中部地区，约占全国总储量的75%以上。

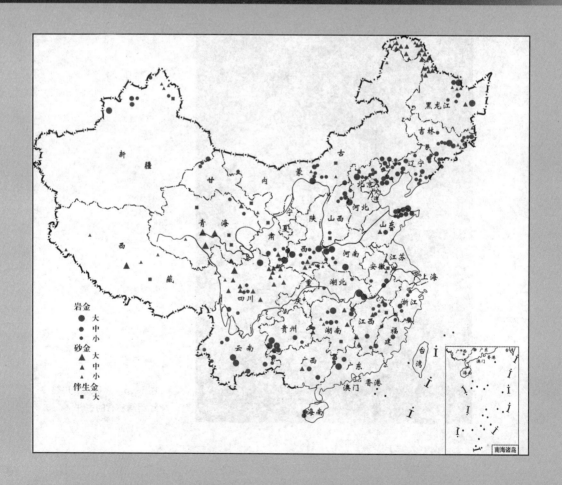

中国金矿资源丰富，分布广泛，除香港特别行政区外，在30个省（区、市）都有金矿产出，已探明资源储量的矿区有1 265处，其中查明资源储量以山东最丰富，其次为甘肃、内蒙古、河南、江西、云南、新疆、安徽、黑龙江、陕西、四川、西藏、湖南、贵州等省份。另一方面，中国黄金资源在地区分布上是不平衡的，东部地区金矿分布广、储量大。2013年，山东、甘肃仍是中国金矿资源储量的冠、亚军，山东是中国唯一一个资源储量超过千吨的省份，目前查明总资源储量已超过4 500 t，占全国总资源储量的1/3以上，甘肃超过了700 t。资源储量超过500 t的还有内蒙古、河南和江西。

中国金矿类型

中国金矿类型繁多，金矿床中富矿少，中等品位多，品位变化大，贫富悬殊。金矿床的工业类型主要有：破碎带蚀变岩型、石英脉型、细脉浸染型（花岗岩型）、构造蚀变岩型、火山—次火山热液型、微细粒浸染型等矿床。以金矿容矿岩系与矿化体产出形式为基础，将中国金矿床分为10类22个亚类（表6-1）。

中国破碎带蚀变岩型金矿可与南非的兰德型、乌兹别克斯坦的穆龙套型、美国的霍姆斯塔克和卡林型、加拿大霍姆洛型以及日本与巴布亚新几内亚的火山岩型等超大型的金矿类型相提并论。近年来，中国在胶西北金矿集中区深部先后发现多个特大—超大型破碎带蚀变岩型金矿，打破中国无超大型金矿的历史。胶东的三山岛、焦家和招平等重要金矿带连续实现找矿重大突破，新增资源量超2 500 t，累计查明资源储量已超4 500 t。其中三山岛、焦家和玲珑—大尹格庄金矿田均已成为资源储量超千吨的世界级金矿田，招远—莱州矿集区已跨入世界第三大金矿区。

表6-1   中国金矿床主要类型

序号	类型	实例
1	产于太古宙—古元古代变中基性火山沉积杂岩（一般称为绿岩带）中的金矿（绿岩带型金矿） （1）石英脉型（包括石英—钾长石脉型） （2）复脉带型（或片理化带型）	夹皮沟、小秦岭文峪、杨砦峪、哈达门沟、金厂峪、诸暨
2	产于元古宙变碎屑岩、泥质岩、碳酸盐岩中的金矿 （1）脉型 （2）构造蚀变岩型	湘西、四道沟、银洞坡金山、猫岭、河台
3	产于震旦纪—三叠纪粉砂岩、泥质岩、碳酸盐岩中的金矿 （1）微细浸染型 （2）脉型 （3）构造角砾岩型	滇桂黔三角区、高笼、川西东北寨、盖叫曼、双王、二台子
4	产于花岗岩侵入体中（包括岩体内带和外带）的金矿 （1）石英脉型 （2）破碎带蚀变岩型 （3）细脉浸染型 （4）矽卡岩型	玲珑、峪耳崖 焦家 界河 鸡冠嘴
5	产于碱性侵入体中的金矿 （1）石英脉型 （2）石英脉—蚀变岩型	后沟马 厂东坪
6	产于显生宙基性、超基性岩（包括蛇绿岩套）中的金矿 （1）产于基性、超基性岩体中的石英脉—蚀变岩型 （2）产于显生宙海相基性火山杂岩中的构造蚀变岩型	墨江金厂、金家庄、煎茶岭、小松树南沟、托墨

7	产于中、新生代陆相火山岩（包括次火山岩）中的金矿
	（1）产于火山岩中的金矿床
	  1）脉型
	  2）断裂破碎带型
	  3）构造角砾岩型
	（2）产于次火山岩中的金矿床
	  1）斑岩型
	  2）隐爆角砾岩型
		奈林沟
		洪山
		红石
		
		团结沟
		祁雨沟

（续表）

序号	类型	实例
8	产于风化壳中的金矿 （1）铁帽型 （2）红土型	新桥 墨江
9	产于砾岩中的金矿砾岩型金矿	春化、小金山
10	产于第四纪现代砂金矿	月河

中国黄金产量

中国主要黄金产区有四处，即胶东半岛、小秦岭地区、滇黔桂金三角及西北地区几省（新疆、青海、四川等省）。其中，山东地区的金矿产量占中国黄金产量的1/4以上，如今仍有较大的发展潜力，而其他几个主要产地的产金量近些年来虽有不断增长之势，却还难以超过山东黄金产区。中国金矿主要开采岩金和伴生金，目前，砂金生产被列为限制开采项目，中国大陆三个巨型深断裂体系控制着岩金矿的总体分布格局，长江中下游有色金属集中区是伴（共）生金的主要产地（表6-2）。砂金较为集中的地区是东北地区的北东部边缘地带。

表6-2　　　　　　　　　　2013年中国主要产金省区产量排序

序号	省区	产量（t）	序号	省区	产量（t）
1	山东	122.884	6	湖南	21.806
2	河南	55.785	7	甘肃	19.281
3	江西	35.343	8	福建	18.518
4	内蒙古	23.494	9	湖北	17.573
5	云南	23.313	10	新疆	17.128

（续表）

序　号	省　区	产量（t）	序　号	省　区	产量（t）
11	安徽	16.382	20	黑龙江	3.050
12	陕西	14.677	21	广西	1.667
13	辽宁	12.360	22	海南	0.971
14	贵州	11.844	23	广东	0.672
15	浙江	7.609	24	山西	0.66
16	吉林	6.843	25	宁夏	0.195
17	河北	5.939	26	上海	0.132
18	青海	3.743	总计		428.163
19	四川	3.550			

中国黄金产量自2000年以来连续15年持续增长，在这15年间先后登上200 t、300 t、400 t三个台阶，在全球黄金总产量中所占比重超过了10%，连续9年黄金产量居世界第一。2015年中国黄金产量为450.05 t。按产量大小，中国主要产金的省区排位大致为：山东、河南、江西、内蒙古、云南、湖南、福建等。除了几个主要黄金产区，中国绝大部分省区都有黄金生产，如海南、湖北、辽宁、西藏等省区，亦为中国的重要黄金生产省区。

2013年，全国黄金产量十大矿山共生产黄金55.88 t，占全国黄金总产金量的13.05%，比2012年增长了0.98个百分点。十大矿山中山东矿山占5家，共产黄金26.27 t，占十大矿山产金总量的47.01%。内蒙古两家，福建、贵州、云南各1家（表6-3）。十大矿山中福建紫金山金铜矿以11.74 t产金量排在第一位，占十大矿山产金总量的21.01%。

表6-3　　　　　　　　　　2013年中国十大产金矿山排序

序号	单位名称	2013年产金量（kg）			所在地
		合计	成品金	含量金	
1	紫金山金铜矿	11 741.57	10 840.17	901.39	福建
2	焦家金矿	7 099.01			山东
3	三山岛金矿	7 038.24			山东
4	贵州锦丰矿业（烂泥沟金矿）	5 301.30			贵州
5	鹤庆北衙矿业（北衙金矿）	4 896.13	4 878.91	17.22	云南
6	新城金矿	44 74.56			山东
7	内蒙古太平矿业有限责任公司	4 305.26			内蒙古
8	夏甸金矿	4 063.00			山东
9	玲珑金矿	3 599.63			山东
10	苏尼特金曦黄金矿业有限公司	3 361.31			内蒙古
	十家合计	55 880.01			
	十家合计占全国（%）	13.05			

中国著名金矿

一、福建紫金山金铜矿

　　该矿位于福建闽西上杭县的紫金山，是中国特大型金铜矿山，已探明的金矿储存量达150 t，铜矿储存量在200万 t以上，成为中国采选规模最大、入选品位最低、单位矿石成本最少的黄金矿山，被人们形象地比喻为"铜娃娃戴金帽子"。露天开采的紫金山金铜矿山，整个生产场面非常壮观。

紫金山铜金矿床（图6-1）是国内首例高硫型浅成低温热液铜金矿床。紫金山矿床隶属东南沿海成矿带，位于活动大陆边缘，区域构造位于华南褶皱带内闽西南晚古生代拗陷带的西南部，北西向上杭白垩纪火山—沉积盆地的东北缘。成矿与燕山晚期中酸性火山岩及火山机构有关。矿区西北部主要为震旦纪—二叠纪地层，呈北东向展布，与燕山早期紫金山花岗岩体呈断层接触。矿区内零星分布下白垩统石帽山群。区内构造主要有两期断裂构造。第一期断裂形成的时间为印支—燕山早期，是在宣和复式背斜形成之后开始活动的，呈北左向，具压扭性质，起控岩作用，控制了本区花岗岩的分布。第二期断裂切割第一期断裂，形成时间约在燕山早、晚期之间，该期断裂具复合成因，呈北西向。结构面表现为断裂为主，控制了燕山晚期火山爆发中心的分布以及主要隐爆角砾岩带的延伸方向。岩浆岩主要为燕山早期的紫金山岩体和燕山晚期的侵入—火山岩。

矿体主要分布在海拔650 m以上至紫金山主峰1 138 m，金矿石中金属矿物含量一般为3%～5%，主要为褐铁矿、针铁矿、微量黄钾铁矿，少量氧化残余的硫化物（黄铁矿、蓝辉铜矿、铜蓝等），脉石矿物以石英为主，其次是地开石，偶见绢云母、明矾石等。矿石构造有胶状和变胶状、蜂窝状、团块状、角石砾状、脉状或网状、浸染状等构造，自然金的形状以粒状为主，部分呈片状、树枝状和不规则状。

图6-1 中国福建紫金山金矿床

二、甘肃阳山金矿

甘肃阳山金矿（图6-2）位于甘肃省文县阳山，正处川北陇南交界地，在岷山山脉北段与秦岭山脉西端，位于陕、甘、川三省交界，1997年被武警黄金部队发现，累计探获黄金资源量308 t，是西部地区迄今为止发现的最大岩金矿床类卡林型金矿。专家预计，阳山金矿资源远景规模可望达到500 t左右。据估算，阳山金矿已探明的黄金资源量潜在经济价值达500亿元人民币。

该矿位于川陕甘金三角区内，在大地构造位置上夹持于碧口地块、秦岭微板块以及松潘—甘孜褶皱系之间。该区是一个晚古生代凹陷区，地层以中泥盆统碳酸盐岩和碎屑岩为主，不整合于中新元古代碧口群地层之上。石炭系—三叠系地层主要出露于西部，以碎屑岩为主。斜长花岗斑岩脉在矿区出露最为普遍，与金矿体关系也最为密切。

该金矿带全长约25 km，从西到东分为泥山、葛条湾、安坝、高楼山、阳山、张家山6个矿段，共发现金矿脉89条，累计探明资源量258 t。

▲　图6-2　甘肃阳山金矿

三、河北金厂峪金矿

金厂峪金矿（图6-3）在清代末年曾是中国三大金厂之一，现在也是中国著名大型金矿之一，累计探明储量50余 t，目前矿山年产黄金840 kg。金厂峪金矿为产于太古宙—古元古代变中基性火山沉积杂岩中的金矿，即绿岩带型金矿中的复脉带型亚类。金矿床大地构造位置位于天山—阴山东西向复杂构造带与北北东向新华夏系构造的交汇处，燕山准地槽马兰峪背斜与山海关隆起的衔接地带。矿区内地层为太古宇迁西群东荒峪组：其中的斜长角闪岩类磁铁石英岩（图6-4）岩性段为金厂峪金矿床的主要围岩。

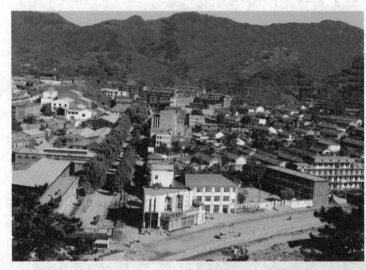

◀ 图6-3　河北金厂峪矿业有限责任公司

▶ 图6-4　金厂峪金矿含矿石英脉

四、广东河台金矿

河台金矿（图6-5）发现于1982年7月，位于高要县境内。它的发现，为在华南地区前泥盆纪地层特别是混合岩化变质岩系中寻找同类矿床提供了范例。在大地构造位置上，矿区位于吴川—四会断裂带与那蓬—悦城断裂带的交汇部位，由震旦系混合岩化片岩、变粒岩、片麻岩、混合花岗岩组成，南侧为志留系和奥陶系浅变质的复理石建造。两者呈断层接触，含金千糜岩带赋存于断层北侧的混合岩化岩石和混合岩内。组岩石主要有二云母石英片岩、云母片岩和少量黑云母变粒岩、片麻岩等，片岩中普遍含夕线石。

矿区以高村矿床为代表。高村矿床以11号千糜岩带为主体，带长1 700 m，宽2～60 m，含有5个金矿体。主矿体位于岩带中、下部，走向北东，倾向北西。矿体规模大，构造形态简单，呈产状陡而稳定的脉状，延深大，矿化均匀，连续性好。

△ 图6-5　河台金矿井下开采现场

五、云南金厂金矿

云南金厂金矿（图6-6）位于云南省墨江县境内。清道光年间即开始采金，咸丰、同治年间最盛，成为云南七大金厂之一。中华人民共和国成立前后曾做过零星地质工作，1976年进行正规地质普查，1979~1982年进行勘探。这是中国西南一个典型的与超基性岩有关的大型金矿床，并伴生有可利用的银、铂、镍、钴等元素。

金厂金矿位于哀牢山褶皱带中段，红河深大断裂与墨江深大断裂的中间地带。矿区地层倒转，褶皱，断裂发育，构造变动强烈。沿金厂断裂有燕山期超基性岩体（橄榄岩、斜辉橄榄岩等）侵入到下古生界地层中。岩体呈两端小、中间大的岩墙状，长15.6 km，宽0.4~2 km。

岩体含金丰度值普遍偏高，岩体边部蛇纹岩化橄榄岩内发现有自然金与黄铁矿共生。金厂矿区共有5个矿脉群，150多个矿体，主要赋存于金厂组中、下部地层中。按金矿石的围岩、矿物和化学成分，矿石可分三种类型：含金石英脉型（脉型）、含金石英脉和浸染状含金石英岩混合型（混合型）和淋滤褐铁矿化含金变余粉砂岩型（淋滤型），以混合型矿体为主，占矿体总数约52%，脉型矿体占47%左右。

图6-6　云南金厂金矿露天开采现场

六、陕西省太白县双王金矿

陕西省太白县双王金矿地处秦岭南麓，大地构造位置属秦岭褶皱系南秦岭海西—印支褶皱带的凤县—镇安褶皱束西段，商县—丹凤深断裂和凤镇—山阳断裂从矿区以北地区通过。

双王金矿的金矿体均赋存于古道岭组的下部地层中的钠长角砾岩体内。包括角砾岩体两侧或其延长线上的围岩，常遭受强烈的钠长石化，形成交代钠长岩。双王含金钠长角砾岩带，是由若干个大小不等的钠长角砾岩体组成，并呈带状沿层间断续分布，长度大于11 km。

延深有的达700 m以上，形态呈似层状、透镜状及不规则状。岩体产状倾向北东，倾角50°～80°。

角砾岩体与围岩界线明显，部分地段呈渐变关系。胶结物主要为含铁白云石，次为黄铁矿、钠长石、方解石和石英。金矿体产于岩体之中，其产状与角砾岩体大体一致，呈厚板状，部分呈现分支复合不规则状。其中以东段8号矿体规模最大，长近700 m，平均宽20 m，垂深300 m。矿体金品位多在1.1～10.55 g/t，一般多在1.3～3 g/t之间（图6-7）。

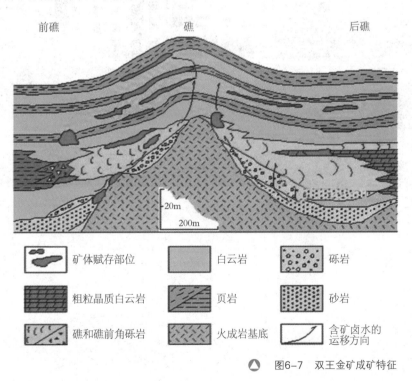

前礁　　　　　　　　礁　　　　　　　　后礁

图例			
矿体赋存部位	白云岩	砾岩	
粗粒晶质白云岩	页岩	砂岩	
礁和礁前角砾岩	火成岩基底	含矿卤水的运移方向	

图6-7　双王金矿成矿特征

七、河北东坪金矿

东坪金矿（图6-8）是产于偏碱性杂岩体内接触带的含金石英脉和含金破碎蚀变岩型的大型金矿床，矿区共发现含金矿脉70余条。东坪金矿是中国首次在碱性岩体中发现的新类型金矿，1992年被中国地质学会命名为"东坪式"金矿，该金矿处于华北地台北缘，燕山台褶带与内蒙古地轴交界部位的南侧，北距尚义—崇礼—赤城深大断裂约8 km。以深大断裂为界，南为中太古界崇礼群，北为古元古界红旗营子群。碱性杂岩体具有复杂多相的特点，其中角闪二长岩、二长岩、石英二长岩和正长岩构成岩体的主体。

图6-8　崇礼紫金东坪金矿

Part 7

山东黄金负盛名

山东省金矿分布广泛，全省17个地级市中有13个市分布有金矿床、矿点或矿化点；但集中分布在烟台、威海、青岛和临沂4个市内。山东金矿中，资源量及产量基本来自中生代岩浆期后热液型金矿，其中以分布于鲁东地区的深源重熔岩浆期后热液型金矿为主体。

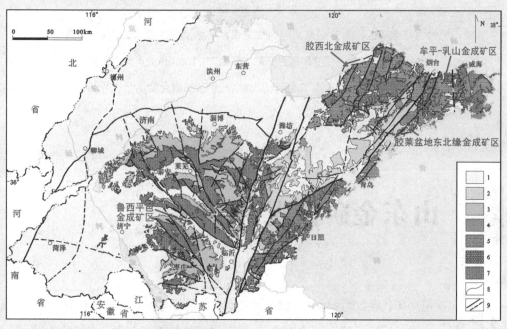

山东省地质简图

1.新生代地层 2.中生代地层 3.古生代地层 4.前寒武系地层 5.中生代岩浆岩
6.古生代岩浆岩 7.前寒武纪岩浆岩 8.地质界线 9.已知和推断的断层

山东是我国著名的金矿大省，资源储量和产量均居全国第一位。山东省黄金资源储量的90%以上集中分布在胶北地区内。此外，在鲁东南地区的五莲、莒南及鲁中地区的沂水、沂南、平邑、苍山、新泰、邹平等县（市）也有少量分布。自2011年找矿突破战略行动实施以来，在胶东的三山岛、焦家和招平等重要金矿带连续实现找矿重大突破，新增资源量超2 500 t，累计查明资源储量已超4 500 t。其中三山岛、焦家和玲珑—大尹格庄金矿田均已成为资源储量超千吨的世界级金矿田。招远—莱州矿集区已跨入世界第三大金矿区（累计查明资源储量达4 000 t以上），该区3年新发现5个超大型金矿床，均居全国前十位。

——地学知识窗——

世界三大金矿区

南非的兰德金矿区、乌兹别克斯坦的穆龙套金矿区及中国胶东的招远-平度金成矿区是世界三大金矿区。其中兰德金矿区已开采出黄金3.5万 t，目前尚有黄金储量1.8万 t；穆龙套金矿探明储量超过4 300 t；招远—平度金成矿区探明金储量超过4 000 t。

山东金矿概况

在20世纪30年代至20世纪40年代期间，冯景兰、王植等中国地质学家对招远玲珑金矿做过地质调查；20世纪40年代日本人松尾敏臣、矢部茂等对招远玲珑、九曲金矿进行了掠夺性地质调查；20世纪50年代初期，中国地质学家马俊之、严坤元、郭文魁、刘国昌等多次对招远玲珑、九曲、灵山沟等金矿进行地质调查。中华人民共和国成立以前和成立初期，中外学者在招远地区所从事的这些地质调查工作均属概略性的资源调查。

山东省正规的金矿地质勘查工作是从1958年山东省专业地质队——山东省地质局胶东四队（即此后的胶东一队、807队、第六地质队）组建后开始的。在1958～1964年间，807队对招远九曲和灵山沟等金矿进行了普查、勘探及1：5万金矿地质调查工作。1965～1967年间，807队先后发现莱州三山岛和焦家2个特大型破碎带蚀变岩型金矿（"焦家式"金矿），取得了山东及中国金矿找矿的重大突破。

在20世纪80年代中期以前，山东地矿及冶金、武警等多支地质队伍在胶北地区进行金矿地质勘查工作，发现和评价了一大批特大型、大型和中型金矿床，建立了"焦家式"和"玲珑式"金矿成矿模式，使胶东成为中国重要的黄金产区。

20世纪80年代中期至20世纪90年代初，鲁西地区金矿勘查工作取得突破性进展，山东省地矿局第二地质队发现和评价了平邑归来庄金矿。这个新类型的大型金矿的发现，进一步推动了山东金矿勘查工作的进展。1998年以来，在实施国土资源大调查项目中，在胶莱盆地北缘早白垩世莱阳群砾岩中（宋家沟）及平邑归来庄地区早寒武世灰岩层位中（东大湾—梨方沟）又发现了新的就位空间的金矿床，扩展了山东找矿空间，显示了良好的勘查前景。

山东金矿由岩金、沙金、铜和硫铁矿等矿产中的伴生金3种类型金矿构成。其中以岩金为主体，占全省各类金矿资源储量的98.75%；沙金占0.38%；伴生金占0.87%。

自20世纪60年代至2015年底，山东省累计查明金矿资源储量达4 500 t，约占全国金矿资源储量的三分之一以上。全省276处金矿矿区中，大型33处，占11.86%；中型59处，占21.38%；小型184处，占66.67%。2014年山东省金矿开采企业175个，从业人员43 052人，采出矿石2 065.27万 t，实现工业总产值1 367 454.73万元，销售收入1 173 671.79万元，年利润总额241 045.24万元。

山东主要金矿类型

山东地处中朝陆块、扬子陆块与秦岭—大别造山带的拼合地带，也是古亚洲成矿域、秦祁昆成矿域与滨西太平洋成矿域的结合带，这种特殊的大地构造位置造就了其得天独厚的金成矿条件。胶东位于郯庐断裂带东侧、华北陆块东南部和秦岭—大别—苏鲁造山带东北部，金矿主要围绕胶北隆起周边分布（图7-1）。胶西北的三山岛断裂、焦家断裂、招平断裂、西林—陡崖断裂及东部的金牛山断裂是区内主要的控矿构造，控制着金矿床的形成和分布。鲁西地区的金矿床主要分布于郯庐断裂带西侧的平邑、沂南、苍山等地，中生代中—基性和中偏碱性岩浆活动与金矿形成密切相关。依据矿床地质特征、成矿物质来源、成矿作用和赋矿岩石建造等因素对山东金矿床类型的划分有不同的划分方案。下面列出的是当

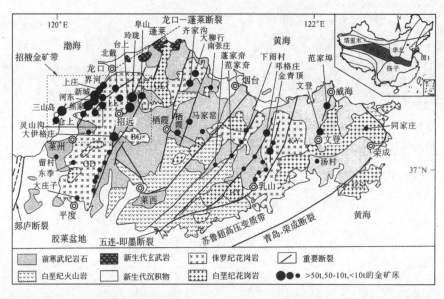

图7-1　胶东地区区域地质简图

前较为认可的划分方案。

从表7-1中所列的山东金矿的4个大类型和11个亚类型矿床的基础储量所占百分比来看，早前寒武纪变质热液型及新生代冲积型金矿的资源量非常小（前者尚未发现具一定规模的工业矿床）；资源量及产量主要来自中生代岩浆期后热液型金矿，而其中又以分布于鲁东地区的深源重熔岩浆期后热液型金矿为主体。

表7-1 山东主要金矿床类型

矿床类型		占全省基础储量百分比（%）	典型矿床或主要产地
深源重熔岩浆期后热液型	破碎带蚀变岩型（焦家式）	74.27	莱州焦家、新城
	含金石英脉型（玲珑式）	12.92	招远玲珑、牟平金牛山
	含金硫化物石英脉型	5.48	牟平邓格庄
幔源岩浆期后热液型	接触交代（夕卡岩）型	1.17	沂南铜井金厂
	隐爆角砾岩型		平邑归来庄
	碳酸盐岩中层状微细浸染型	6.05	平邑磨坊沟
	含金石英脉型		苍山龙宝山
早前寒武纪变质热液型	绿岩带变质热液—构造蚀变岩型		新泰化马湾
	含金石英脉型	<0.2	沂水南小尧
新生代冲积型（砂矿）	新近纪砂砾岩（冲积）型		栖霞唐山棚
	第四纪砂砾（冲积）型		招远诸流河

深源重熔岩浆期后热液型中的破碎带蚀变岩型（焦家式）金矿床和含金石英脉型（玲珑式）金矿床，是山东也是中国的重要的金矿类型，其主要分布在胶北地区，而又集中分布在胶西北地区。

一、破碎带蚀变岩型（焦家式）金矿特征

焦家式金矿床主要分布在胶西北的莱州、招远及平度一带，大地构造上位于胶北隆起西北部。金矿床主要展布在三山岛断裂、焦家断裂、招平断裂北段和陡

崖—龙门口断裂带内，金矿化主要发育在断裂带主裂面的下盘。目前已经发现并评价的焦家式金矿，在三山岛断裂带上有4个特大型金矿床；焦家断裂带及派生的低序次断裂内有5个大型以上及一些中小型金矿床；招平断裂带内有3个大型以上及一些中小型金矿床；西林—陡崖断裂至目前发现一处大型金矿床。这些断裂带内金矿床总的展布特点显示出北东成串、东西对应成带的分布规律，主要金矿床有莱州市焦家、新城、三山岛、仓上、新立金矿床；招远市玲珑、台上、河东、夏甸金矿床等。该类金矿床多分布于胶西北太古宙花岗岩区，严格受断裂构造的控制，主要赋存在断裂的交汇部位或断裂带沿走向、倾向转弯的部位。矿体呈似层状、透镜状、脉状产出。焦家式金矿矿体形态较简单，一般呈较大的透镜状或脉状，多作北东向延伸，倾角一般为25°～45°。矿体长1 000～2 000 m，延深300～2 500 m，厚3～10 m；矿体规模大，一般形成大、中型矿床。山东省内一些大型、超大型金矿床多为焦家式金矿床，金矿石平均品位为（5～10）×10^{-6}。

二、含金石英脉型（玲珑式）金矿特征

玲珑式金矿分布广泛，遍及胶北的招远、栖霞、牟平、乳山、蓬莱、平度等县（市、区）。含金石英脉主要发育在中生代燕山早期玲珑黑云母花岗岩和郭家岭斑状花岗闪长岩中，少部分分布在早前寒武纪变质岩系中。该类型金矿矿体形态简单、规则，以含金石英单脉为主，复式脉及网状脉次之。矿脉规模一般较小，一般长数十米至几百米，个别长者达千米以上。金矿规模一般较小，多为中、小型矿床。个别矿区内含金石英脉成群出现，个体大、分布密集，构成规模巨大的金矿田（如招远玲珑金矿田）。

三、硫化物石英脉型金矿特征

此类金矿床主要分布在胶北隆起东部的牟平—乳山金矿成矿带中，矿床发育于昆嵛山二长花岗岩及其与荆山群接触带附近。矿床受断裂带控制，发育在断裂带内及其两侧，以含金硫化物石英脉单脉产出为主，部分矿区呈脉体群产出。成矿作用以裂隙充填作用为主，形成富含硫化物的石英脉型金矿床。该类金矿床与玲珑式金矿床既有相同又有差异，其硫含量大大超过玲珑式金矿床，代表性矿床有乳山金青顶、牟平邓格庄金矿床。

四、蚀变层间角砾岩型金矿特征

此类金矿床主要分布在乳山等地，大地构造位置位于胶莱拗陷东北缘与胶北隆起的相接地带，牟平—即墨断裂与郭城

断裂之间。金矿床受层间滑脱拆离构造控制，产于胶莱盆地东北缘滑脱拆离构造带中。古元古代荆山群陡崖组为含矿层位，玲珑系列鹊山二长花岗岩与金矿成矿关系密切，金矿体发育在东西向盆缘滑脱断裂带内岩石破碎强烈、黄铁矿化及绢英岩化蚀变强烈的部位（图7-2）。

● 图7-2 山东代表性金矿典型矿石标本

a. 破碎带蚀变岩型金矿石　b. 石英脉型金矿石　c. 硫化物石英脉型金矿石　d. 隐爆角砾岩型金矿石

五、隐爆角砾岩型金矿特征

此类矿床的形成与隐爆角砾岩密切相关，主要分布于鲁西的平邑地区，以归来庄金矿最为典型。

矿体赋存于构造隐爆角砾岩带内，隐爆角砾岩受断裂控制，出露长度2 200 m，宽0.6～29.30 m，斜深大于650 m。

受区域应力及次火山隐爆的叠加作用，带内角砾岩发育，并具分带现象。

矿区内有大小矿体12个，以1号矿体

规模最大，其余均为零星小矿体。1号矿体占已探明储量的99%以上。矿体长550 m，斜深大于650 m，呈脉状产出，沿走向及倾向呈舒缓波状延展，具膨胀收缩、分支复合现象（图7-3）。

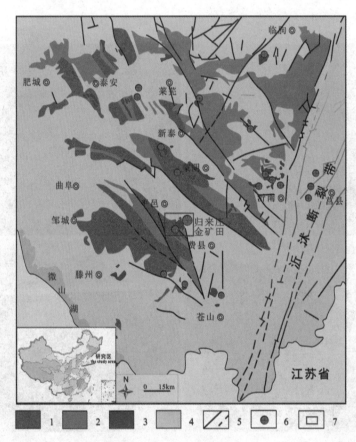

图7-3　鲁西地区区域构造—岩浆地质简图

1. 太古代侵入岩类　2. 元古代侵入岩类　3. 中生代侵入岩类　4. 地层
5. 已知和推断的主要断层　6. 主要的金矿床和金矿点　7. 归来庄金矿田

山东著名金矿

山东省金矿分布广泛，目前共有金矿床200余处，其中，中型及以上金矿床100余处，累计查明金资源储量4 500余 t。这些矿床和查明资源储量主要分布在胶东的招远、莱州、龙口、蓬莱、栖霞、牟平、乳山、平度等县市内，在鲁西的平邑、沂南等县市也有少量分布。

一、三山岛金矿

三山岛金矿（图7-4、图7-5）处于胶东地区西北部向莱州湾凸出的半岛，东接陆地，南、西、北三面临海。三山岛—仓上断裂带从北东三山岛镇延伸到西南，两边伸入渤海湾，平面上呈"S"型展布。三山岛金矿始建于1980年，1989年底建成投产，是一座具有采、选、冶综合生产能力的大型企业，是我国黄金行业骨干矿山之一，截至2014年年底累计生产黄金67.6 t。

△ 图7-4　三山岛金矿矿选厂

● 图7-5　三山岛金矿鸟瞰图

　　三山岛金矿矿区位于三山岛—仓上断裂带的北东段，区内仅在邻渤海的三个相连的小山丘上发现有玲珑花岗岩出露地表。矿区地层比较简单，只有新生代第四系旭口组和太古代胶东岩群郭格庄岩组。矿区岩浆活动强烈，主要以侵入作用为主，具有多期次特点，岩浆岩主要有三种：黑云角闪英云闪长岩、玲珑黑云母花岗岩、中—基性脉岩。三山岛金矿床的围岩蚀变比较发育，其分带性和时序性较为显著，主要蚀变类型有5种类型，包括绢英岩化、钾长石化、硅化、碳酸盐化及绿泥石化。

　　三山岛矿区内主要发现两个较大的矿体，编号为Ⅰ、Ⅱ号矿体。Ⅰ号矿体规模最大；Ⅱ号矿体规模次之。其中，Ⅰ号矿体分布于主断裂下盘的黄铁绢英岩蚀变带上部或中上部，走向延伸介于100～901 m之间，最长可达1 021 m，倾向延展深度范围为700～1 000 m，深部未歼灭。矿体呈似层状、不规则脉状及透镜状产出，沿走向和倾向都表现出不连续性；矿体平均厚度可达10.42 m，金的平均品位为3.48×10^{-6}。该矿体金资源储量占三山岛金矿床总储量的88.5%。矿石构造类型复杂多样，主要以浸染状、脉状及块状为主，其次为细脉浸染状、网脉状及条带状。金（银）矿物主要为银金矿，其次为自然金及金银矿。不同类型的金银矿物在各成矿阶段所占比重有一定差异，主成矿阶段以银金矿为主，自然金次之，多金属硫化物成矿阶段以自然金与金银矿为主。

二、焦家金矿

焦家金矿（图7-6、图7-7）位于莱州市境内，始建于1975年，1980年建成投产。2006年底，焦家金矿与望儿山金矿及仓上金矿、寺庄矿区实现了全方位整合，形成了"一矿三区"的全新发展格局。目前生产规模已达到6 000 t/d。2014年生产黄金7.04 t，实现利润5.26亿元，经济效益连续多年稳居山东黄金集团首位。焦家金矿产于花岗岩侵入体中的金矿破碎带蚀变

岩型亚类。焦家金矿是"焦家式"金矿的典型代表，它是一种断裂破碎蚀变岩型金矿，金矿体是构造破碎带内达到工业要求的蚀变岩体。

矿床为长超1 000 m、宽约4 m的含金蚀变带，产于玲珑岩体与胶东群之断层接触带中，矿体受断裂带控制。该矿床已发现5个矿体，以I号矿体最大，占全矿总储量85%左右。I号矿体长1 200多米，厚0.35～15.44 m。走向北东，倾向

△ 图7-6　山东莱州焦家金矿选矿厂

◁ 图7-7　山东莱州焦家金矿

北西，延深超800 m。矿化围岩为黄铁绢英岩、绢英岩质碎裂岩，金矿石品位3.07～52.59 g/t。矿石矿物主要为银金矿、黄铁矿，少量自然金及铅、锌、铜的硫化物。脉石矿物主要为石英和绢云母。主要围岩蚀变有红化（由斜长石、微斜长石中三价铁斑点或赤铁矿弥散造成，过去曾被称为钾化）、硅化、绢云母化、黄铁矿化和碳酸盐化。

三、玲珑金矿

玲珑金矿（图7-8、图7-9）位于山东半岛中部招远市与龙口市交界处的罗山东麓，矿部座落在驰名中外的玲珑金矿田中心，这里黄金资源丰富，开采历史悠久，从有文献可查的年代算起，有近千年的开采史，素有"金城明珠"之美誉。

早在公元1007年，历代封建皇帝屡派大臣在玲珑督办矿山采金。20世纪60年

▲ 图7-8 玲珑金矿办公区

◀ 图7-9 玲珑金矿花园式矿区

代以后，山东地质局807队、省冶勘三队先后分矿段开展了地质勘查工作，并提交了多份普查、勘探地质报告。玲珑金矿始建于1962年，金矿始终坚持边生产边基建、生产基建齐头并进，生产规模不断扩大，采选冶综合生产能力不断提高，目前已成为山东黄金集团下属的核心黄金矿山企业之一，现下辖2个分矿、8个直属单位和10个职能部门，现有在册员工2 395人。黄金产量曾连续23年居全国矿山之首。2006年1月27日，累计生产黄金10万千克，成为我国黄金行业第一个累计产金突破10万 kg大关的单体黄金矿山。

玲珑金矿田北自后地，南至台上，西起欧家夼，东至九曲蒋家，分布范围约42 km²，分九曲、玲珑—大开头双顶、108、东风、欧家夼、破头青等矿段。

玲珑金矿床属于产于花岗岩侵入体中的金矿—石英脉型亚类。全矿田10条脉带中有200余条矿脉，其中规模较大的矿脉有十余条，单个矿体走向长度一般为40～350 m，延深40～500 m。

四、归来庄金矿

归来庄金矿（图7-10）位于平邑县，地处山东省，沂蒙山区的西南边缘，是鲁西地区迄今唯一的大型金矿床，原查明黄金储量35 t，为大型隐爆角砾岩型金矿床。近几年，通过深部探矿，归来庄金矿新增资源储量20 t，是鲁西地区唯一的特大型金矿床。归来庄金矿始建于1992年，是集采、选、冶于一体的现代化黄金矿山。连续6年黄金产量保持在2 t以上，截至2015年上半年，累计生产黄金31 t，产值68亿元，实现利税23亿元。

▲ 图7-10 归来庄金矿露天采场

归来庄金矿在地质构造部位上居于鲁西隆起区南部的尼山凸起东北缘与平邑凹陷南缘相接地带的尼山凸起一侧。矿区内分布的侵入岩为呈小岩株、岩枝状的中生代燕山早期正长斑岩、二长斑岩、二长闪长玢岩，这些浅成侵入岩与金矿形成具有密切关系。

近年来，按照习近平总书记提出的"绿水青山就是金山银山"的要求，归来庄金矿正被努力打造成为布局最合理，环境最优美，工艺最先进，科技最发达，效益最可观，文化最浓厚的园林式大型数字化黄金矿山和最具特色的旅游矿山（图7-11、图7-12、图7-13）。目前，矿山绿化率达96%，在国内露天黄金矿山中，是植被绿化率最高、地质地貌保持最完整、生态环境修复最好的矿山之一（图7-14）。

🔺 图7-11　归来庄金矿地质公园

🔺 图7-12　归来庄金矿数控室

△ 图7-13 归来庄金矿国家矿山公园

△ 图7-14 归来庄金矿露天采坑

五、山东金矿资源潜力巨大

除了以上几个著名矿床外，2015年，山东省在三山岛北部海域金矿新发现了国内单矿体最大的矿床（图7-15）。探明金资源储量470 t，为海域超大型金矿床。矿区位于莱州市东北方向约20 km的三山岛村北部近岸浅海海域。在地质构造部位上居于胶北隆起西北缘三山岛—仓上断裂带北端。矿床与位于其南侧的三山岛金矿区的深部主矿体相连。2015年下半年，又发现纱岭金矿，探明资源储量328 t。

山东金矿成矿地质条件优越，资源潜力巨大。2011年全省资源潜力评价2 000 m以浅共预测金资源量4 049 t，扣除近年来查明新增资源量，仍有1 500 t左右的找矿潜力。近年来，山东在三山岛、焦家及招平断裂带、牟平—乳山成矿带及鲁西归来庄地区等深部寻找金矿取得了重大突破的同时，在栖霞西林—陡崖断裂带、胶莱盆地东北缘实现了新区找矿的重大进展，同时，还在招平断裂带向胶莱盆地内南延、三山岛带西部海域物探推断平行断裂带等地发现了重要的找矿线索。均显示出山东仍具有良好的找矿前景和广阔的找矿空间。今后，山东应本着"立足老区，攻深找盲；拓展新区，实现突破"的原则，在传统优势成矿带的深部和外围以及有潜力的找矿新区，部署进一步的找矿勘查工作，以期实现山东金矿找矿的新突破（图7-16）。

▲ 图7-15　三山岛金矿区

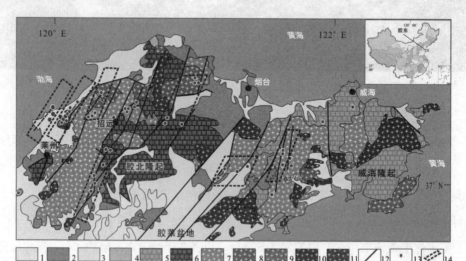

▲ 图7-16　胶东地区金矿找矿远景区

1. 第四纪　2. 古元古代粉子山群　3. 白垩纪莱阳群　4. 新近纪临朐群　5. 青白口纪荣成片麻岩套
6. 新太古代栖霞片麻岩套　7. 侏罗纪玲珑花岗岩　8. 白垩纪郭家岭花岗闪长岩　9. 三叠纪花岗岩
10. 白垩纪伟德山花岗岩　11. 白垩纪崂山花岗岩　12. 断裂　13. 金矿体　14. 金矿找矿远景区

Part 8 狗头金块趣味谈

狗头金是指天然产出的、颗粒极大、形态不规则的块金。有关狗头金的成因，归纳

起来主要有3种，即表生化学增生说、生物聚金说及冰冻富集作用说。根据统计资料，

迄今世界上已发现大于10 kg的狗头金有8 000~10 000块。

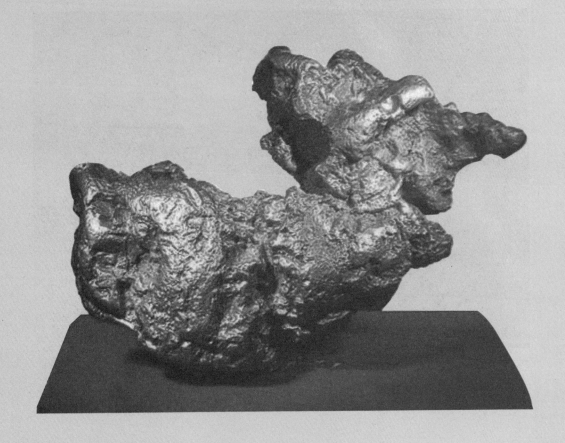

什么是狗头金

狗头金（图8-1）是指天然产出的、颗粒极大、形态不规则的块金。狗头金的质地并不纯净，它通常由自然金、石英和其他矿物集合体组成。有的形似狗头，称之为"狗头金"；有的形似马蹄，称之为"马蹄金"。但人们通常将这种天然块金称为狗头金。其产出相当稀少，其价值通常远超过同等重量的纯金，故被人们视为宝中之宝。

Gold
Replica of the "Welcome Nugget"
The real "Welcome Nugget" was discovered on June 10, 1858 by miners of the Redhill Mining Company at Bakery Hill in Ballarat, Victoria, Australia. The original nugget weighed 2,217 troy oz. (69 kg) and sold for 10,500 pounds sterling ($21,000). The nugget eventually made its way to London where it was melted down in November, 1859

🔺 图8-1　1858年由澳大利亚红山采矿公司发现狗头金，重68.98 kg

狗头金是怎样形成的

有关狗头金的成因，归纳起来主要有3种，即表生化学增生说、生物聚金说及冰冻富集作用说。三种成因尽管在形成机理上有所差异，但均强调狗头金形成于表生环境中。

也有专家对此成因提出过质疑。他们认为如果说狗头金是微细粒金在表生条件下进一步增生聚合而成的话，那为什么在很多砂金矿床中不存在狗头金呢？即使在细粒的砂金中偶然出现一块狗头金，其块度要比周围的金粒大几千倍甚至几万倍，但为什么在同样环境条件下，其周围细小的自然金粒形不成狗头金。难道狗头金具有得天独厚的局部环境？这显然难以用表生环境下成矿理论进行解释。

此外，如果狗头金是表生环境中形成的，则无论以何种方式聚合而成，都应具有一种表型特征。而实际上产于世界各地的狗头金形态各异，几乎没有同一形态的狗头金。

哪里可以捡到狗头金

根据统计资料，迄今世界上已发现大于10 kg的狗头金有8 000～10 000块。澳大利亚数量最多，占狗头金总量的80%，另外还有俄罗斯和巴西的亚马逊流域。目前最大的一块狗头金就产于澳大利亚，这块名为霍尔特曼的狗头金重285.77 kg，含纯金92 kg，含金率为32.2%。

在人类采金史中，中国也是狗头金发现较多的国家之一。多年来，中国在新疆、湖南、山东、陕西等省不断发现狗头金。1909年，四川省盐源县一位采金工人在井下作业时不幸被顶上掉下来"石块"砸伤了脚，他搬开"石头"感到很重，搬到坑口一看，竟是一块狗头金，重达31 kg。1982年，黑龙江省呼玛县兴隆乡淘金工岳书臣，休息时无意中用镐刨了一下地，却碰到了一块重3 325 g的狗头金。1983年，陕西省南郑县武当桥村农民王伯禹拣到一块810 g的狗头金。报载四川省白玉县孔隆沟，有一个盛产狗头金的山沟，1987年又找到重4 800.8 g和6 136.15 g的大金块，接连刷新中华人民共和国成立以来我国找到狗头金的重量纪录，堪称"国宝"。1988年，奋战在兴安岭的黄金五支队官兵淘到了重达2 155.8 g的狗头金，含金70%以上。

1997年6月7日晚6时30分，由青海省门源县寺沟金矿第13采金队工人在砂金溜槽上发现的重达6 577 g的特大石包金金块，通体形状酷似一对母子猴，只见"母猴"席地而坐，怀里抱着一只可爱的"小猴"。在金块另一侧的下部，还有一只乌龟正在悄然爬行；龟头前伸高昂，似乎正在观察着周围环境，露出的一支前足和一支后足活灵活现，动感很强。整个图案动静搭配自然，惟妙惟肖，可谓鬼斧神工，令人拍案叫绝。

2010年11月25日，新疆阿勒泰发现"狗头金"，长约19 cm，宽约13 cm，呈扁平状，重约1 840 g。2015年2月，新疆青河县一牧民意外捡到重7.85 kg左右的一块狗头黄金，这是迄今为止在新疆发现的最大一块狗头金。该天然金块长约23 cm，最宽处约18 cm，最厚处约8 cm，形状酷似中国地图。更为奇特的是，该天然金块犹如人工镂空艺术品一般，牧民们说看起来有点像中国地图。不同的角度能够看出不同的造型，又像一只大脚印，还像一个人坐在山巅……金块镂空处聚集着的是一些砂石和泥土，但难以掩饰住黄橙金子的颜色。

国外发现狗头金最多的国家是澳大利亚，该国先后发现了许多巨大的狗头金。如1855年在西部巴拉腊德发现83 kg的块金，1869年在维多利亚发现71.04 kg的块金，1871年在恩德山发现93.3 kg的块金（连同它生长的岩石重260 kg）。1981年初，业余探金者乔治在维多利亚韦德伯恩附近的"金三角"探矿区发现27.2 kg的块金，于当年3月4日被美国拉斯维加斯一家名叫"天然金块"的赌场老板以一百万美元买走。此外，苏联在西伯利亚也发现了重36 kg的块金。

捡到狗头金应该归谁

自从新疆青河县一位牧民捡到一块重达7.85 kg的"狗头金"新闻曝光后，这块"狗头金"的归属权引发人们的热议，有人认为它应当归国家所有，有人认为它应当归发现的牧民所有。文物局表示："我们看到了实物，基本可以确定不属于文物。""狗头金"归属何方，关注度如此之大，并不是毫无缘由的。2012年2月，四川彭州通济镇农民吴高亮无意中在自家承包地里发现7根价值连城的乌木，并花20多万元把它们挖了出来。当地政府得知后，立刻表示乌木归国家所有，给了他7万元的奖励。吴高亮不服起诉，一下子引起全社会的关注。可官司一直打到终审，乌木还是没留住。

像捡到"狗头金"这种情况，东西究竟归谁？目前法律界还是有争议的。因为它一不属于出土文物，二不是有一定规模、可开采的矿产资源，不属国家所有，在法律上是没有疑义的。另外，《中华人民共和国民法通则》有一项规定："所有人不明的埋藏物、隐藏物，归国家所有。"可是"狗头金"既不是之前有人埋下的，也不是藏起来的，是天然就在哪里形成的，似乎也不太能对得上号。

一、归国家吗?

政府将民众发现或捡拾的相关物品收归国有的法律依据主要有三个方面：其一，《中华人民共和国民法通则》第七十九条规定：所有人不明的埋藏物、隐藏物，归国家所有；其二，《中华人民共和国矿产资源法》第三条规定：矿产资源属于国家所有，由国务院行使国家对矿产资源的所有权；其三，《中华人民共和国文物保护法》第五条规定：中华人民共和国境内地下、内水和领海中遗存的一切文物，属于国家所有。据此，政府收走一些发现物、拾得物是合理的。但对于新疆牧民捡到的这块狗头金，当地政府并没有收走的依据。

显然，这块狗头金并不是埋藏物、隐藏物，也不是文物。从广义的角度看，狗头金貌似属于矿产资源，但《中华人民共和国矿产资源法》中所称的矿产资源应该具有储量达到一定规模、具有重大价值、牵涉重大国家利益等特征，而一块几千克重的狗头金"个体"不符合这些特征，或者说即便有些特征也很不明显。

二、归个人吗？

也有观点认为，黄金属于自然矿物。但在法律概念上，需要厘清矿产品和矿产资源的区别。黄金矿产资源应可规模开采，受国家管理和保护，而仅仅一块"狗头金"，属于民法领域的无主物，根据先占原则，牧民可以取得所有权。

针对被民众发现的数量不多、质量不大、价值有限的狗头金、玉石以及类似的矿石等，地方政府不应该一门心思、不管不顾地收归国有，而是应该在尊重发现者意志的基础上，给发现者留出一定的占有空间。如果发现者自愿上交，那么政府就可以予以接收并酌情补偿；如果发现者不愿上交，就应承认发现者对矿石的所有权。这样做，不违背法律关于无主埋藏物、隐藏物、遗弃物、文物以及矿产资源归属定性的原则，不侵害国家的重大利益。希望能够明确"要"与"不要"的标准和范围，使"收归国有"和"赋予民权"更加公正合理，更符合民意。

三、其他国家遇到此类情况怎么处理？

如图8-2所示。

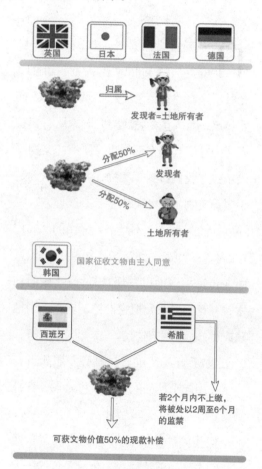

图8-2　其他国家处理无主物品

四、法规细一些，非议才能少一些

"狗头金"事件之所以引起广泛关注，背后其实是公法与私法之间的边界问题，而"狗头金"并不属于公法明确规定的国家所有物，在法律适用上应本着鼓励、保护公民的原则。

中国政法大学法学院教授何兵也认为，尽管法律禁止公民私自采矿，但并未禁止公民"捡石头"，根据"法无明令禁止皆可为"的原则，青河县牧民别热克·萨吾特占有"狗头金"的行为应受到法律保护。

目前首先应进一步完善立法，填补当下法律、法规存在的空白地带。例如应出台相关司法解释，对类似别热克·萨吾特捡到"狗头金"的情况做出特别规定，避免在法律适用方面引起争议。针对目前矿藏、文物、埋藏物等往往具有较大升值空间的情况，应当从国家层面出台关于奖励标准的指导性意见，由各省本着鼓励上报者积极性的原则制定奖励细则，避免"想奖多少奖多少"的现象。

参考文献

[1]陈帅立. 中国黄金储备的适度规模研究[D]. 湖南大学, 2014.

[2]范建锋. 我国黄金资源开发及综合利用状况分析[J]. 河南科技, 2014, 03: 167-168.

[3]付超, 余凡. 全力实现黄金资源找矿突破[N]. 中国矿业报, 2015, 06. 06A03.

[4]郭宽. 浅谈我国黄金资源及找矿技术的运用[J]. 民营科技, 2015, 10: 52.

[5]何兵. "狗头金"之争 精美的石头不是矿[J]. 法律与生活, 2015, 05: 28.

[6]侯宗林. 中国黄金资源潜力与可持续发展[J]. 地质找矿论丛, 2006, 03: 151-155.

[7]焦至忠. 世上黄金知多少[J]. 百科知识, 1996, 11: 59.

[8]李晶. 试论黄金资产属性和价格趋势[J]. 经济视角(下), 2012, 06: 33-34+103.

[9]李强峰, 聂凤军, 曹毅, 丁成武, 张伟波, 蒋喆. 北欧最大金矿田——芬兰科体拉金矿田[J]. 矿床地
    质, 2014, 04: 887-890.

[10]李志明, 刘家军, 张长江, 冯彩霞, 李恩东. 狗头金成因新认识[J]. 地质与勘探, 2002, 02: 15-17.

[11]连振祥. 中国黄金资源储量居世界第二位[N]. 中国信息报, 2014, 06. 09001.

[12]刘艺欣. 中国外汇储备制度创新研究[D]. 吉林大学, 2009.

[13]罗献林. "狗头金"的价值[J]. 黄金地质, 2001, 02: 75-77.

[14]罗镇宽, 苗来成, 关康, 陈革. 中国大地构造演化与金矿成矿作用[J]. 地质找矿论丛, 1998, 03: 27-
    37.

[15]毛景文, 李厚民, 王义天, 张长青, 王瑞廷. 地幔流体参与胶东金矿成矿作用的氢氧碳硫同位素证
    据[J]. 地质学报, 2005, 06: 839-857.

[16]乔智慧, 徐纯. 揭开"狗头金"的神秘面纱[J]. 新疆人文地理, 2015, 07: 92-97.

[17]沈远超, 陈友明. 世界金矿勘查和开发现状(续)[J]. 黄金科技动态, 1988, 04: 1-6+17.

[18]世界黄金有多少? [J]. 中国金融, 1986, 03: 27.

[19]世界上有多少黄金？[J]. 会计之友, 1988, 01: 41.

[20]孙丽洁. 黄金属性的发挥对黄金产业发展的影响[J]. 商场现代化, 2013, 26: 50-51.

[21]王昶, 申柯娅, 李国忠. 中国古代对黄金的认识和利用[J]. 中国宝玉石, 1998, 03: 48-50.

[22]王建平, 戚开静. 我国黄金资源开发战略浅析[J]. 中国矿业, 2001, 01: 50-52.

[23]王林琳, 杨春宇. 34年探获黄金资源储量2 269 t[N]. 人民公安报, 2013, 06. 10001.

[24]王亚斌. 黄金作为国际储备的研究[D].内蒙古大学, 2013.

[25]王祖伟. 我国黄金资源开发利用的现状与可持续发展对策[J]. 天津师范大学学报(自然科学版),
   2001, 01: 64-68.

[26]我国去年新增黄金资源储量835 t[J]. 新疆有色金属, 2015, 06: 73.

[27]我国已探明黄金资源量9 816 t 位居世界第二[J]. 铁路采购与物流, 2015, 10: 69.

[28]辛华. 新疆: 十大金矿带吸引开发商眼球[N]. 地质勘查导报, 2006, 06. 29003.

[29]许贵阳. 对黄金属性的再认识兼谈对中国黄金产业未来发展的思考——一个历史视角[J]. 经济
   研究导刊, 2011, 08: 48-49.

[30]杨富全, 毛景文, 王义天, 赵财胜, 张岩, 刘亚玲. 新疆西南天山金矿床主要类型、特征及成矿作
   用[J]. 矿床地质, 2007, 04: 361-379.

[31]杨金中, 赵玉灵, 沈远超, 李厚民. 胶莱盆地东北缘与低角度拆离断层有关的金矿成矿作用——
   以山东海阳郭城金矿为例[J]. 黄金科学技术, 2000, 04: 13-20.

[32]于学峰, 方宝明, 韩作振. 鲁西归来庄金矿田成矿系列及成矿作用研究[J]. 地质学报, 2009, 01:
   55-64.

[33]于学峰, 李洪奎, 单伟. 山东胶东矿集区燕山期构造热事件与金矿成矿耦合探讨[J]. 地质学报,
   2012, 12: 1946-1956.

[34]于学峰. 山东平邑归来庄矿田金矿成矿作用成矿规律与找矿方向研究[D].山东科技大学, 2010.

[35]于学峰. 山东平邑铜石地区金矿成矿地质特征及深部找矿讨论[J]. 山东国土资源, 2009, 09: 12-
   19.

[36]于学峰. 山东平邑铜石金矿田成矿系列及成矿模式[J]. 山东地质, 2001, Z1: 59-64.

[37]庾莉萍. 我国黄金资源分布及生产情况[J]. 中国金属通报, 2008, 27: 28-29.

[38]张平安. 中国黄金资源国际竞争力研究[D].吉林大学, 2007.

[39]赵瑾璐, 王翔. 山东黄金产业的可持续发展研究——基于熊彼特的创新理论[J]. 资源与产业, 2012, 01: 65-68.

[40]周向科. 自然瑰宝狗头金[J]. 地球, 2012, 06: 106-107.